데이터 과학자의 일

박준석 엮음
데이터 과학자
11명 지음

데이터 과학자의 일

금융, 게임에서 스포츠까지
현장에서 찾아낸 데이터 과학의 오늘

Humanist

데이터 과학자라는 말이 사용되기 시작한 지는 그리 오래되지 않았습니다. 대략 2010년대 초반부터 대중에 알려지기 시작한 것 같네요. 하지만 데이터를 분석하는 직업이 전에 없는 것은 아니어서, 예전에도 통계학자statistician나 비즈니스 분석가business analyst 같은 직업이 존재했습니다. 이런 직업들이 존재하는데도 데이터 과학자라는 말이 새로 등장한 이유는 무엇일까요? 사실 어떤 사람들은 애초에 데이터 과학자라는 이름이 사실 통계학자를 좀더 '팬시'하게 부른 것일 뿐이라고 말하기도 합니다. 그리고 이는 어느 정도 사실입니다. 데이터 과학자들이 사용하는 상당히 많은 도구가 통계학에서 왔고, 데이터 과학과 통계학이 공유하는 철학이 분명히 있습니다. 하지만 저는 데이터 과학을 완전히 통계학으로 환원할 수는 없다고 생각합니다. 그리고 아마 데이터 과학자 대다수는 자신을 통계학자라 부르지 않을 것 같습니다.

사실 데이터 과학은 매우 학제적inter-disciplinary인 분야입니다. 여러 분야에 걸쳐 있다는 뜻입니다. 당장 떠오르는 것들만 추려봐도 통계학 이외에 컴퓨터과학, 산업공학, 수학 등 직접적으로 관련된 분야가 있고, 응용 분야까지 따지면 셀 수 없을 정도입니다. 데이터 과학을 이 중 어느 한 분야로 귀속시킬 수 없습니다. 데이터 과학이 어떤 '분야'라고 말하는 것조차 꺼려질 정도입니다. 최근 데이터 과학이 유행하고 있지만, 정작 데이터 과학 '학과'가 설치된 학교를 보신 적이 있나요? 물론 몇몇 학교에 데이터 과학과가 신설되기는 했습니다. 하지만 이 학과들은 사실 기존의 인접 학문, 이를테면 앞서 언급한 유관 분야들이 협력해서 만든 일종의 '협동과정'에 가까운 성격을 띠고 있습니다. 그만큼 데이터 과학은 분야를 따로 떼어놓고 생각하기 힘듭니다. 인접 분야 중 하나로 환원시키는 것은 더더욱 어렵습니다.

이런 이유로 데이터 과학자가 되는 경로는 단일하지 않으며, 매우 다양한 방식으로 데이터 과학자가 될 수 있습니다. 예를 들어 저는 심리학이라는 경험과학 분야를 연구하다가 통계방법론에 흥미를 갖게 되어 연구하면서, 자연스럽게 데이터 과학자가 되었습니다. 저와 달리 통계학이나 컴퓨터과학 등 보다 직접적인 인접 분야를 거쳐 데이터 과학자가 되는 경우도 많고, 거의 관련이 없어 보이는 분야에 종사하다가 이런저런 경로를 거쳐 데이터 과학자가 되는 경우도 있습니다. 이렇듯 데이터 과학자가 되는 경로는 매우 다양합니다. 공통점이 있다면, 어느 정도의 통계학 및 머신러닝 관련 지식, 프로그래밍(코딩) 능력, 의사소통 능력을 갖추었다는 점입니다. 그 다양성에도 불구하고 이런 능력은 분야를 가리지 않고 데이터 과학자에게 꼭 필요한 기초 소양입니다.

그런데 '21세기 가장 섹시한 직업'이라 불리는 데이터 과학자들은 정작 어디에서 무엇을 하고 있을까요? 짐작이 가시나요? 그동안 시중에 데이터 과학을 소개해주는 책이 많이 출간되었습니다. 그런데 이 책들은 대개 기술 입문서에 가깝습니다. 실제로 데이터 과학이 다양한 분야에서 어떻게 응용되는지, 구체적으로 우리 삶을 어떻게 편하게 만드는지, 어떤 가치를 창출하는지에 대해서는 별로 이야기해주지 않았습니다. 데이터 과학에 대해 잘 모르는 사람이 처음 입문할 때는 물론 이론 공부가 꼭 필요합니다. 하지만 다른 한편으로 큰 그림을 보고, 다양한 실제 사례를 접하며 흥미를 갖는 것도 큰 도움이 될 수 있습니다. 그런 동기부여가 이론 공부로 이어지는 선순환 구조를 갖추면 더할 나위 없이 좋을 겁니다.

제가 이 책을 기획한 동기 중 하나는 최근 데이터 과학에서 각광받는 분야가 머신러닝이나 인공지능 등 극히 일부 분야에 국한되었다고 생각하기 때문입니다. 최근 이런 분야에서 이루어지는 놀라운 발전상은 사람들을 매혹시키기에 충분합니다. 최정상의 바둑기사를 이기는 인공지능을 개발하고, 사람의 눈보다 더 정확하고도 빠르게 이미지를 분류하며, 고객이 다음에 무엇을 검색하고 싶을지 예측하고 추천하는 것들이 특히 그렇습니다. 물론 이 책에서 그런 분야들도 소개합니다. 데이터 과학에서 무척 중요한 분야니까요.

하지만 이 책에서는 사람들에게 덜 알려져 있지만 매우 중요한, 데이터 과학의 다양한 활용 사례를 소개하려 합니다. 그래서 데이터 과학이 난해하지만은 않으며, 더 넓은 영역에서 생각보다 간단한 아이디어로 우리 삶을 낫게 만든다는 것을 보여주고자 합니다. 이를 위해 머신러닝과 인공지능을 포함하되, 그에 그치지 않고 다양한 분야에서 데이터를 유용하게 활용하고 있는 전문가들을 섭외하여 이들의 이야기를 한데 담았습니다.

1장과 2장에서는 데이터 과학을 구성하는 중요한 두 분야인 통계학statistics과 머신러닝machine learning(기계학습)을 소개합니다. 응용 사례도 간혹 등장하지만, 해당 주제에 대해 큰 그림을 그리는 데 주안점을 두었습니다. 3장부터 8장까지는 금융, 게임, 스포츠, 보안, 의학, 교육 등 다양한 분야에서 데이터 과학이 응용되는 사례를 소개합니다. 데이터 과학에 대해 추상적으로 묘사하는 대신 각 분야의 실제 사례를 보여주며 데이터 과학이 현장에서 어떤 구체적인 가치를 창출하는지 생생하게 느낄 수 있도록 했습니다. 9장부터 11장까지는 주로 데이터 과학자의 커리어에 대해 다루었습니다. 지금은 기초가 다소 부족하더라도 데이터 과학 분야로 진출하길 꿈꾸는 학생 및 사회 초년생에게는 9장 내용이 특히 와닿을 겁니다. 10장은 데이터 과학에 관심이 있는 개발자 지망생 또는 현역 개발자에게, 11장은 통계·연구방법론 분야 진출을 염두에 두고 있는 학계 지망생에게 좋은 참고가 될 것입니다.

독자들은 이 책을 읽으며 경험과학 등 기존에 알려진 분야뿐 아니라 평소에 접하기 힘들었던 분야들, 이를테면 게임, 보안, 스포츠 등에서도 데이터 과학이 활발히 활용되며 급격한 변화를 이끌고 있다는 사실을 알게 될 것입니다. 그 변화의 핵심에는 '데이터 기반'이라는 키워드가 있습니다. 데이터 기반 의사 결정은 과거의 의사 결정 방식이 소수 전문가의 직관에 근거했던 것과는 달리, 자료와 그 분석 결과를 의사 결정의 핵심에 놓는다는 점에서 급진적인 변화입니다. 사실 어떤 사람들에게는 이 변화가 불편하게 느껴질 수도 있겠지요.

이 책에서는 데이터 기반 의사 결정이 얼마나 다양한 분야에서, 얼마나 혁신적인 변화를 일으키고 있는지 소개합니다.

물론 여기서 데이터 과학의 모든 용례를 소개할 수는 없습니다. 하지만 이 책이 딱딱한 데이터 과학 입문서와는 다른 방식으로 데이터 과학을 소개하고, 나아가 데이터 과학을 진지하게 배워보고 싶다는 욕구를 자극할 수 있다면 더할 나위 없이 기쁘겠습니다. 이 책에 참여한 모든 저자, 그리고 독자 여러분께 감사드립니다.

2021년 10월

박준석

차
례

1장

통계학,
가장 오래된 데이터 과학

박 준 석

심리학자이자 데이터 과학자. 서울대학교 심리학과에서
학사·석사학위를 받았으며, 미국 오하이오주립대학교에
서 계량심리학 박사학위와 통계학 석사학위를 받았다.
심리학을 전공하며 통계방법론에 흥미를 느껴 이를 연
구했고. 지금은 미국 서부의 한 회사에서 데이터 과학자
로 일하고 있다. 페이스북 '오하이오의 낚시꾼' 페이지(@
buckeyestatfisher)에서 통계학, 데이터 과학. 과학연구
방법론 등에 관한 글을 쓰고 공유한다.

과학자, 데이터 활용의 선구자들

데이터 과학data science이라는 말이 유행한 지도 꽤 되었다. 많은 사람이 한 번쯤은 미디어에서 이 단어를 접해봤을 것이다. 이제 데이터 과학은 많은 기업의 중요한 관심사가 되었다. 기업들은 실시간으로 쌓이는 방대한 데이터를 분석하여 고객과 비즈니스에 대한 통찰을 얻고, 이를 통해 가치를 창출하기 위해 큰돈을 투자하고 있다. 기계학습 알고리즘을 통해 복잡한 업무를 자동화해 정확도를 높이고 비용을 절감하기도 한다. '21세기의 가장 섹시한 직업'이라 불리는 데이터 과학자의 위상은 이런 관심의 결과다. 괜찮은 데이터 과학자를 찾기는 꽤 어렵지만, 많은 기업이 자원을 아낌없이 투자하여 인재를 유치하기 위해 노력하고 있다.

하지만 기업들이 데이터에 관심을 갖기 훨씬 전부터 데이터를 적극적으로 분석하고 이용해온 집단이 하나 있다. 바로 과학자들이다. 여기서 '과학'은 일반적으로 과학 분야라고 받아들여지는 물리학, 화학, 생물학, 천문학 등만이 아니라 데이터를 통해 지식을 검증하고 창출하는 모든 분야를 일컫는다. 예를 들어 정치학, 사회학, 경제학, 심리학 등 사회과학 분야에서도 데이터를 통해 학자의 주장을 검증하고 받아들이는 절차를 갖추고 있다. 이런 의미에서 이들 분야 학자의 상당수가 '과학자'에 해당한다. 심지어 철학 등 일부 인문학 분야에서도 데이터를 통해 학문을 발전시키려는 시도가 활발하게 이루어지고 있다.[1] 사실 데이터 과학의 원형은 이들로부터 찾을 수 있다고 해도 과언이 아니다.

이 글에서는 이런 유형의 데이터 과학, 다시 말해 '가장 오래된 데이터 과학'에 대해 이야기한다. 필자는 대학원 과정 동안 이 분야의 훈련을 받은 뒤, 산업 현장에서 경력을 쌓았다. 최근 이런 경력 전환을 시도하는 경우가 많아지고 있다. 그만큼 학계의 데이터 과학 훈련이 산업 현장에서도 그 가치를 인정받는다는 이야기도 될 것이다.

요즘 우리에게 친숙한 문제로 이야기를 시작해보자. 바로 코로나바이러스감염증-19(이하 코로나-19) 백신이다. 어떤 회사가 새로운 백신을 개발했을 때, 이 백신이 효과가 있는지 없는지 어떻게 알 수 있을까? 물론 백신이 효과가 있다는 증거가 충분히 축적되어야 우리는 이 백신을 승인할 것이다.

아마 이 문제에 관해서 많은 사람이 정답을 알고 있을 것이다. 바로 임상시험clinical trial을 하는 것이다. 임상시험에서는 참가자들을 임의로random 두 집단 중 하나에 할당한다. 첫 번째 집단은 '실험군'이라 부르며, 진짜 백신을 투여한다. 두 번째 집단은 '대조군'이라 부르며, 가짜 백신[2]을 투여한다. 여기서 가짜 백신을 투여하는 이유는 백신의 약효 이외의 모든 조건을 똑같이 맞추기 위해서다. 이를테면 소금물 같은 것을 사용할 수 있다. 그 결과 실험군에서 대조군보다 발병률이 낮게 나온다면, 우리는 백신의 효과가 있다고 생각할 수 있다.

그런데 여기에는 한 가지 문제가 있다. 실험군의 발병률이 대조군보다 '얼마나' 낮게 나와야 약효가 있다고 할 수 있을까? 예를 들어 100명을 뽑아 실험군과 대조군에 각각 50명씩 할당했다. 그리고 앞에서 설명한 대로 진짜 백신과 가짜 백신을 각각 투여한 후 경과를 지켜봤다. 그 결과 실험군에서는 9명이 질환에 걸리고, 대조군에서는 10명이 걸렸다. 이 경우 '효과가 있다'고 결론 내릴 수 있을까? 다른 예로 이번에는 실험군에서 9명, 대조군에서 20명이 질환에 걸렸다. 이 경우는 직관적으로 효과가 있다고 말할 수 있을 것 같아 보인다. 그럼 마지막으로 실험군에서 9명, 대조군에서 12명이 질환에 걸렸다면 어떨까? 좀 애매해 보인다. 이때도 백신이 효과가 있다고 말할 수 있을까?

그런데 애초에 이런 문제가 왜 생길까? 만약 약효가 일정하다고 해도, 100명을 뽑아 임상시험을 할 때마다 결과가 정확히 같을까? 아닐 것이다. 참가자들의 신체적 특성은 모집할 때마다 바뀐다. 질병에 걸릴 위험성, 예를 들어 코로나-19 감염자와 접촉할 가능성도 항상 달라진다. 따라서 약효가 전혀 변하지 않더라도, 임상시험을 할 때마다 다른 결과를 얻게 된다. 즉 임상시험에서 얻은 자료가 사실 순전히 우연에 의한 결과일 수 있다는 점을 인정해야 한다.[3] 그러면 우리가 답해야 할 실문은 단순히 '실험군이 대조군보다 질병에 걸릴 확률이 낮았는가?'만이 아니라, 설령 낮았더라도 '그것이 순전히 우연에 의해 관찰될 수 있는 정도를 넘어서는가?'까지 포함해야 한다.

통계학은 이와 같이 불확실한 상황에서 데이터를 분석하는 방법을 다루는 학문이다. 이것이 과학의 각종 분야에 응용된 것을 특히 '양적 연구방법론quantitative research methodology'이라 부르기도 한다. 그러면 통계학에서는 이 문제를 어떻게 해결할까?

과학자가 가설을 검증하는 방법

앞의 시나리오 중 백신 투여 집단(실험군) 50명 중 9명, 가짜 백신 투여 집단(대조군) 50명 중 20명이 질병에 걸린 경우를 예로 들어보자. 실험군의 발병률은 18%(50분의 9), 대조군의 발병률은 40%(50분의 20)다. 이를 통해 백신에 예방 효과가 있는지 없는지 어떻게 알 수 있을까? 한 가지 가능한 방법은 백신의 효과가 전혀 없다고 가정했을 때 이런 데이터가 우연히 나올 수 있는지 알아보는 것이다. 만약 백신에 효과가 하나도 없을 때 이런 차이가 관측될 확률이 매우 낮다면, 우리는 '백신이 효과가 있다'라고 결론을 내리는 게 타당하다. 하지만 백신이 전혀 효과가 없더라도 이런 차이가 충분히 우연에 의해 나올 수 있다면, 우리는 '백신의 효과가 충분히 검증되지 않았다'라는 결론을 내릴 수 있다.

먼저 백신에 효과가 전혀 없다고 가정해보자. 그러면 실험군과 대조군의 발생률은 차이가 없어야 한다. 우리가 본 발병률 18%와 40%는 우연히 발생한 차이일 뿐이다. 그러면 우리는 두 집단의 자료를 '뭉개서' 하나의 집단으로 합칠 수 있다. 애초에 진짜 발병률에는 차이가 없으니까 이렇게 해도 상관없을 것이다. 그러면 전체 100명 중 발병한 사람의 숫자는 총 29명이다. 즉 29%가 우리가 모은 참가자들의 발병률인데, 편의상 이 값이 진짜 발병률이라고 가정하겠다.

다음으로 할 일은 진짜 발병률이 29%인 상황에서 50명씩 두 집단을 임의로 뽑았을 때, 두 집단 간 발병률의 차이가 일반적으로 얼마인지 계산하는 것이다. 원래대로라면 아무런 차이도 없어야 하지만, 앞서 이야기한 표집상의 임의성randomness 때문에 실제로는 차이가 발견된다. 데이터 과학에서는 이 수치를 '표준편차standard deviation'라 부르는데, 이를 계산하는 수학 공식이 있지만 생략하겠다. 발병률 차이에 대한 표준편차를 계산하면 약 0.09(9%)가 나온다. 그러니까 진짜 발병률이 29%인 상황에서 50명씩 두 집단을 임의로 뽑아 발병률을 조사하면, 우연에 의해 9% 정도 차이가 날 수 있다는 뜻이다. 예를 들어 한 집단은 50명 중 12명(24%), 다른 집단은 50명 중 16명(32%) 정도 발병률이 관측되어도, 이는 이상한 결과가 아니라 순전히 우연에 의한 차이라는 말이다.

그런데 앞서 언급한 사례에서 발병률 18%와 40%의 차이는 22%다. 그리고 이 값은 방금 계산한 표준편차 9%의 두 배가 넘는다. 직관적으로, 그 어떤 형식적인 통계적 검정 절차를 거치지 않았음에도 22%라는 값은 비정상적으로 커 보인다. 통계학에서 이같이 두 비율이 있을 때, 그중 하나가 다른 하나보다 얼마나 더 큰지 수학적으로 따지는 절차가 있다.[4] 이를 우리의 자료에 적용해보면 두 집단의 발병률 차이가 통계적으로 유의미하다는 결과를 산출해준다. 참고로 여기서 사용한 간단한 기준, 즉 '관측된 차이가 일반적으로 기대되는 차이(표준편차)의 두 배 이상이면 통계적으로 유의미한 차이가 있다'라는 판단 규칙은 통계학과 과학 연구방법론에서 매우 광범위하게 사용된다.

약간 복잡하게 느껴질 수 있지만, 핵심은 간단하다. 관측한 자료가 우연히 관측될 만한 것인지 아닌지 판단하겠다는 것이다. 만약 관측 결과의 차이가 우연에 의해서는 발견되기 힘들 정도로 크다면 백신이 효과가 있다는 결론을 내리고, 그 정도가 아니라면 충분한 효과를 발견하지 못했다고 결론 내릴 수 있다(효과가 없다고 결론 내리는 것이 아니다!).

사실 과학자들이 통계학을 사용하여 자신의 주장이 맞는지 틀렸는지 확인할 때 하는 일은 대부분 이런 것, 즉 연구자의 가설이 틀렸다는 가정[5] 아래 데이터가 우연히 관측될 수 있는지 아닌지 판단하는 일이다. 만약 자료가 우연의 범위 안에 들어온다면 가설이 틀렸다는 주장을 반박할 증거를 얻지 못한 것이고, 반대로 자료가 우연의 범위의 밖에 있다면 가설이 틀렸다는 주장을 반박할 수 있다. 이처럼 양적 연구방법론은 데이터를 이용하여 과학자의 주장이 맞는지 틀렸는지 검증하는 수학적·통계학적 방법을 제공해주기 때문에 과학 연구에서 매우 중요하다.

최근 이에 관한 흥미로운 사건이 있었다. 심리학에 '파워 포즈power pose'라는 용어가 있는데,[6] 쉽게 말하자면 몸을 활짝 펴고 자신 있는 자세를 취하면 실제로도 호르몬 변화가 일어나는 등 긍정적인 효과가 생긴다는 것이다. 이 연구를 처음 발표한 심리학자들은 파워 포즈를 취하면 구직 면접이나 연봉 협상 등을 할 때 도움이 된다고 주장하기도 했다. 하지만 몇 년 뒤 공동 연구자 한 사람이 데이터 분석 과정에 심각한 문제가 있었다는 사실을 폭로했다.[7] 예를 들어 연구자들은 자신의 자료가 우연에 의해 발견될 수 없음을 입증하기 위해, 우연에 의해 발견될 수 있다는 결과가 나올 때마다 추가 자료를 수집하여 결론이 뒤집히기만을 기다렸다. 그 결과 연구자들은 결국 '우연'을 반박할 수 있었다. 이와 같이 연구방법론은 과학자들에게 주장을 검증할 방법을 제공하기도 하지만, 오남용되면 과학의 정직성을 해치는 무기로 돌변할 수도 있다. 그래서 이를 정확히 알고 적용하는 것이 과학 발전에 매우 중요하다.

통계 및 양적 연구방법론 전문가가 되려면

대학에서 통계 및 양적 연구방법론은 상당히 다양한 분야에서 사용되고 있다. 따라서 이를 가르치고 연구하는 분야도 매우 광범위하다. 예를 들어 필자의 대학 전공은 심리학인데, 현대 심리학은 생각보다 매우 과학적이며 데이터에 크게 의존하는 분야다. 대부분의 심리학 분야에서 양적 연구방법론을 사용한 분석 결과 없이는 학술지에 논문을 제출하기도 어렵다. 이런 이유로 심리학에서는 양적 연구방법론을 학부 과정에서부터 가르치고 사용하게 한다. 또한 심리학에는 양적 연구방법론을 연구하는 분야가 따로 있는데, 이 분야를 '계량심리학quantitative psychology'이라 한다. 필자는 이 계량심리학을 전공하여 학위를 취득했다.

이와 달리 통계학과에서는 좀더 이론적이고 수학적인 측면을 강조하는 편이다. 관심 분야가 다소 다르지만, 그래도 통계학과 양적 연구방법론은 상당히 비슷한 점이 많다. 물론 심리학뿐 아니라 다양한 사회과학, 자연과학 분야에서 통계 방법론에 지대한 관심이 있고, 나름의 연구 프로그램을 운영한다.

물론 각 분야의 실정에 맞춰 필요한 방법을 연구하기 때문에, 분야별 연구방법론의 성격은 차이가 크다. 예를 들어 경제학에서는 시간에 따라 변하는 경제 지표 분석에 관심이 크기 때문에, '시계열 분석time-series analysis'이라는 기법을 특히 발전시켜왔다. 한편 인간의 마음을 물리적으로 측정하는 방법이 존재하지 않으므로, 심리학에서는 마음을 간접적으로 측정하는 '잠재변수 모델링latent variable modeling' 기법을 발전시켰다. 의생명과학에서는 진단 도구의 성능을 측정하기 위해 '민감도' '특이도'[8] 등의 개념을 고안하고 이를 분석하는 방법이 발선뇌었다. 이와 같이 분야별로 다양한 특색을 가진 통계 방법론을 독자적으로 개발했다. 하지만 이들 모두는 통계학의 기본 정신, 즉 불확실성이 있는 상황에서의 과학적 추론이라는 기본 틀을 공유한다.

당연한 말이겠지만 통계방법론은 꽤 수학적인 분야이기 때문에 수학을 전혀 모르면 이 분야로 진출할 수 없다. 통계학을 처음 배우려면 최소한 고등학교 인문계열 수준의 수학 지식이 필요한데, 이것은 정말 최소한이다. 대학원 석사과정 이상의 공부를 하려면 고등학교 자연계열 수준의 수학 지식이 필요하며, 공부를 더 해나갈수록 대학 수준의 미적분학 및 선형대수학 과목에 대한 기초적인 이해가 필요하다.

관심이 생겨 이 분야의 대학원에 진학하면 본격적으로 양적 연구방법론에 대한 연구를 진행한다. 그리고 다른 분야와 마찬가지로 졸업시험을 통과하고 논문을 써야 학위를 취득할 수 있다. 이 과정에서 할 수 있는 연구의 종류는 실로 무궁무진하지만, 대개 논문 작성 과정 지도교수의 영향을 많이 받게 된다. 예를 들어 필자는 미국 유학 시절 학교에 새로 부임한 교수님과 공동 연구를 진행한 적이 있다. 심리학 연구에서 실험 참가자 수를 결정하는 통계학적 기법에 관한 연구였다. 이것을 실험과학 분야에서는 '검정력 분석power analysis'이라 부른다. 이를 간단히 설명하자면 다음과 같다.

통계학의 잘 알려진 법칙에 따르면, 앞서 언급한 '표준편차'는 자료를 많이 모으면 모을수록 작아지는 경향이 있다. 그런데 우리는 집단 간 차이가 표준편차의 두 배를 넘으면 통계적으로 유의미한 차이가 있다고 보기로 했으므로, 자료를 많이 모을수록 작은 차이를 얻어도 통계적으로 유의미한 결과가 된다는 말이다. 이를테면 자료가 50개였을 때는 집단 간 차이가 최소 0.2는 되어야 통계적으로 유의미한 결과였다면, 자료가 200개일 때는 그 값이 0.1 정도로 줄어든다. 사실 자료의 개수와 '유의미함'을 위한 최소한의 차이 사이에는 어떤 수학적 관계가 있는데, 이를 이용하면 자료를 얼마나 모아야 통계적으로 유의한 결과를 얻을 가능성이 높은지도 계산할 수 있다. 예를 들어 80%의 확률로 유의한 결과를 얻고 싶다면 실험 집단마다 적어도 30명 이상 실험 참가자를 모아야 한다는 식이다. 이것이 검정력 분석에 대한 아주 간략한 소개다. 필자는 앞서 이야기한 교수님과 연구를 진행하여 학술지에 논문을 게재했다. 이 외에도 양적 통계방법론의 다양한 주제에 대한 연구 논문을 출간하면 해당 분야의 전문가로 인정받을 수 있고, 향후 연구자·대학 교수 등의 일자리를 얻을 수 있다. 또 학계로 가지 않더라도 필자처럼 산업 현장으로 진출하여 통계학자나 데이터 분석가가 될 수도 있다.

빅데이터 시대의 통계학

도입부에서도 이야기했듯, 통계학 및 연구방법론은 데이터 과학에서 가장 오래된 분야이며, 다른 분야에도 큰 영향을 미쳤다. 하지만 최근 들어 인공지능, 빅데이터, 머신러닝 등이 크게 유행하면서 기존의 통계방법론 분야가 일반인에게 상대적으로 덜 주목받는 것이 사실이다. 물론 통계방법론도 다른 분야의 눈부신 발전에서 배우고 받아들일 점이 많고, 실제로 그런 움직임이 일어나고 있다.

예를 들어 심리학의 경우 마음이 아픈 사람을 연구하는 '임상심리학clinical psychology' 분야에서 알코올중독 등 문제 행동을 예측하기 위해 최신 머신러닝 방법을 사용하기도 한다. 최근 유행하는 '라쏘lasso', '릿지ridge', '엘라스틱넷elastic net' 같은 머신러닝 기법이다.[9] 이 기법들은 과거에는 심리학에서 크게 주목하지 않았는데, 최근 그 유용성을 깨닫고 필요한 분야에서 적극적으로 도입하는 중이다. 빅데이터 분석 기법, 'R'이나 '파이썬python' 등 새로운 데이터 분석 도구, 네트워크 분석network analysis 및 감성 분석sentiment analysis 등도 최근 심리학뿐 아니라 각종 과학 분야에서 활발하게 사용하고 있다.

그러나 통계학과 양적 연구방법론의 주된 철학, 즉 불확실성을 계량하고 이를 의사결정에 반영해야 한다는 관점은 빅데이터 시대에도 여전히 유용하다. 예를 들어 머신러닝 분야에서 사용하는 데이터도 결국은 어딘가에서 온 '표본'이다. 전부가 아니라는 뜻이다. 이것은 데이터가 무수히 많은 빅데이터 시대에도 참이다. 기업은 왜 데이터를 분석하여 앞으로의 의사결정에 참고하려 할까? 앞으로도 데이터를 수집하고, 그 데이터에 내재된 패턴이 어느 정도는 지속되리라 판단하기 때문이 아닐까? 이런 이유로 우리가 가진 자료, 즉 표본이 대표성을 갖는지 판단하는 일은 매우 중요하며 이는 빅데이터, 머신러닝, 인공지능 시대에도 여전히 참이다.

자료가 아무리 많아도 자료 수집 과정 자체가 편향되어 있으면 표본은 전체를 대표하지 못한다. 예를 들어 선거에서 한국 유권자 중 절반만 투표해도 표는 수천만에 이른다. 만약 유권자 중 소득 하위 20%를 투표에서 배제한다면 어떨까? 그 수는 여전히 크지만 선거 결과에 대표성은 없을 것이다. 이와 같이 자료가 아무리 많더라도 수집 과정에 세심하게 주의를 기울여야 그로부터 얻은 결론이 편향되는 것을 막을 수 있다. 통계학에는 이와 관련하여 '표본조사론'이라는 오래된 연구 분야가 있다. 최근 이 분야도 머신러닝 등과 협력하여 더 좋은 표본을 학습에 사용하는 데 기여하고 있다.

또한 빅데이터 시대가 되었지만 우리가 일상에서 맞닥뜨리는 데이터 대부분은 아직 '스몰 데이터'다. 기가바이트 단위를 넘어 테라바이트, 페타바이트급의 자료를 수집하고 가공하는 기업은 대개 규모가 큰 IT 기업이다. 그러나 누구나 빅데이터를 자유자재로 다룰 수 있는 것은 아니다. 데이터 과학은 큰 데이터, 작은 데이터 가릴 것 없이, 그것에서 유용한 통찰을 찾아내고 의사결정에 반영하는 활동 모두를 지칭한다. 그리고 이 정의에 따르면 우리는 일상에서 마주치는 작은 데이터의 분석도 데이터 과학이라 부를 수 있다. 그리고 통계학과 연구방법론은 자료를 어떻게 다루어야 하는지에 대해 여전히 훌륭한 통찰을 제공해준다.

통계방법론은 지금까지 인류가 새로운 과학 지식을 생산하는 데 핵심적인 역할을 담당해왔으며, 앞으로도 그 역할을 이어나갈 것이다. 그리고 데이터 과학의 시대를 맞아 새로이 떠오르는 다른 분야와 협력하여 발전하는, 미래가 유망한 분야라 할 수 있다. 통계학적 사고는 사회 구성원이 각종 사회 문제를 합리적으로 사고할 수 있게 도와주기도 한다. 현실적인 면에서도 통계방법론 종사자의 대우는 전반적으로 훌륭한 편이며 일과 삶의 균형도 최상급이다. 데이터 과학에 관심이 있는 사람은 꼭 거쳐야 하는 기초 과목이기도 하다. 게다가 그 자체로 매우 재미있는 분야다! 아직까지 관심이 없었다면 관련 교양서를 통해 입문해보는 것도 나쁘지 않다. 아마 그런 생각이 있기에 이 책을 집어 들었겠지만 말이다.

2장

인공지능, 머신러닝,
딥러닝의 차이는 무엇일까?

손 승 우

데이터 과학자이자 소프트웨어 엔지니어. 미국 UC버클리 컴퓨터과학과에서 학사학위를 받았으며, 머신러닝 연구 및 응용 방법에 흥미를 갖게 되었다. 현재는 미국 시애틀 마이크로소프트 본사에서 데이터·응용과학자Data & Applied Scientist로 근무 중이다. 머신러닝을 활용한 각종 자연어처리, 추천 시스템 등을 직접 개발하고 이를 통해 새로운 기능을 만들어 Windows, Bing.com, MSN 등 다양한 제품에 출시하는 업무를 담당하고 있다.

인공지능 ⊃ 머신러닝 ⊃ 딥러닝

인공지능artificial intelligence(AI), 머신러닝machine learning(기계학습), 딥러닝deep learning과 같은 말을 한 번쯤 들어봤을 것이다. 도대체 이 셋의 차이가 무엇일까? 인공지능이란 사전에 설정된 목표를 논리적·수학적·전산적 방법을 활용하여 최선으로 완수하려는 기술을 뜻한다. 그 목표는 바둑 두기, 주택 가격 예측, 엑스레이 사진을 활용한 질병 진단, 카메라를 이용한 자율주행 등 다양하다. 잘 보이지는 않지만 산업 현장 그리고 일상에서 우리는 이미 다양한 인공지능 서비스를 경험하고 있다. 예를 들어 사이버 공격을 미리 감지하는 보안 체계, 신용카드 회사의 복제 방지 시스템, 챗봇과 같은 자동화 고객 서비스, 구매율에 최적화된 광고 추천 시스템 등이 있다. 이렇듯 인공지능은 숫자, 이미지, 텍스트 등 정보를 입력하면 예측값 혹은 최적값을 출력하는 시스템을 뜻한다.

이 같은 다양한 목표를 위해 인공지능은 크게 두 가지 방법으로 문제를 해결한다. 첫째는 비교적 고전적인 방법으로, 입력과 출력 관계를 맺는 특정 계산computation 혹은 알고리즘을 통한 방법이다. 각종 규칙 기반 시스템의 추론(가정 혹은 전제로부터 결론을 도출해내는 것) 방법 혹은 탐색 기법이 이에 해당한다. 가령 지도의 A 위치에서 B 위치까지 가는 최단 경로를 찾고 싶다고 하자. 수학적으로 증명된 가장 효과적인 방법 중 하나는 "A* Search" 탐색 알고리즘이며, 여러 지도 애플리케이션에서 실제로 쓰이고 있다.[1] 지도 데이터에 따라 이 알고리즘 자체가 변형되지 않는다. 두 위치만 주어지면 똑같은 계산 방법으로 최단 경로를 찾을 수 있다는 장점이 있다.

둘째는 머신러닝과 같이 데이터로부터 특정 예측 모델을 학습하는 방법이다. 간단하게, 예측 모델을 수학식 'y=f(x)'로 표현해보자. 머신러닝이란 입력값 'x'를 넣었을 때 출력값 'y'를 예측할 수 있는 특정 함수 'f' 혹은 모델을 학습하는 것이다. 간단해 보이지만 학습 전에 x 및 y 변수, 모델 종류, 학습

데이터 과학자의
일

〈표 1〉 A* Search 탐색 알고리즘의 예시

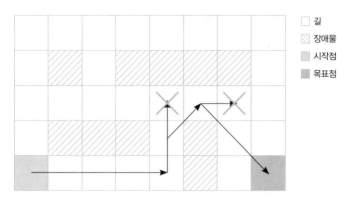

방법 등을 설정해야 한다.

예를 들어 주택 가격을 예측하고자 하는데, 인근 지역 거주자의 평균 소득과 주택 가격 데이터가 존재하는 경우를 살펴보자. 먼저 주택 가격과 평균 소득이 상관관계가 있는지 검토해보는 것이 중요하다. 이를 상관분석이라 하는데, 주택 가격이라는 변수값이 증가하면 평균 소득이라는 변수값이 일정하게 증가하는지(양의 상관관계), 감소하는지(음의 상관관계), 혹은 아무런 관계가 없는지 탐색하는 것을 뜻한다. 만약 두 변수 간에 양의 상관관계가 있다고 가정해보자. 더 나아가 두 변수가 일정하게 증가하는 선 형태의 관계를 이루고 있다는 가정 아래 주택 가격을 y값, 평균 소득을 x값, 그리고 학습 모델을 일차함수(y=ax+b)로 정할 수 있다. 여기서 데이터를 통해 기울기 a값과 절편 b값을 학습할 수 있는데, 그 학습 방법 중 하나를 최소제곱법least squares method이라고 한다.[2] a값과 b값만 있다면, 일차함수를 통해 어떤 평균 소득을 입력해도 주택 가격을 추론할 수 있으며 이는 학습된 머신러닝 모델이라 부를 수 있다. 머신러닝의 다양한 학습 모델 유형(지도, 비지도, 강화 학습 등)과 학습 방법(각종 최적화 방법)은 주제가 너무나도 방대하기에 생략하겠다.

그렇다면 딥러닝이란 무엇일까? 딥러닝이란 머신러닝 중 하나로, 통상 인간의 뇌 신경망에서 영감을 받은 '인공신경망'을 모델링하여 학습하는 기술을 뜻한다. 인간의 뇌는 수많은 뉴런(신경세포)으로 이루어져 있으며, 각 뉴런은 다른 뉴런에서 입력 신호를 받아 일정 용량이 넘어서면 다른 뉴런으로 출력값을 내보내는 형태를 지닌다. 이를 모델링 하는 일은 쉬운 편이다. 인공뉴런의 값은 이전 뉴런 값에 가중치weight를 곱한 뒤 편차bias를 더해 모두 합한 값으로 계산할 수 있으며 (일차함수와 같은 개념이다), 이 값을 다음 인공뉴런에 전달할지 여부를 결정하는 활성화 함수에 통과시키면 된다. 이런 인공뉴런들이 모여 층을 형성하고, 이 층이 여럿 쌓인 것을 인

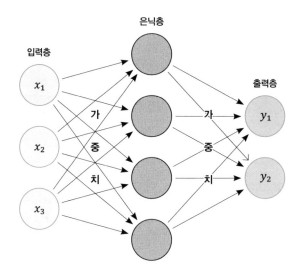

〈표 2〉 인공신경망의 구조

공신경망이라 부르는 것이다.[3] x값을 입력하는 단계인 첫 층
을 입력층, y값이 출력되는 단계인 마지막 층을 출력층, 그리
고 입력층과 출력층 사이의 모든 층들을 은닉층이라 부른다.
딥러닝을 한다는 것은 결국 특정 인공신경망 구조 안에 있는
인공뉴런들의 가중치와 편차 값들을 학습해내는 일을 뜻한
다. 가중치와 편차 값들을 안다면, 입력층에 입력값(x값)을 제
시하면 출력층에서 최종 뉴런의 값(y값)을 계산할 수 있다. 더
효과적인 학습을 위해 각 층별 뉴런의 개수와 은닉층의 개수

를 정할 수도 있다. 모델 사용 목표에 따라 인공신경망 구조 및 뉴런 값 계산 방법에 변형을 줄 수 있으며, 이는 딥러닝 분야에서 활발하게 연구하고 있다.

딥러닝이 핫한 이유

머신러닝은 인공지능의 하위 영역이며, 딥러닝은 머신러닝의 하위 분야다. 그런데 필자가 대학생일 때 딥러닝 수업은 컴퓨터공학 수업 중 가장 인기가 많았다. 산업 현장의 동료 데이터 과학자들도 입을 모아 딥러닝 프로젝트를 꼭 해보고 싶다고 말한다. 왜 인공지능 분야 중 딥러닝이 유독 산업 현장과 연구 현장 가릴 것 없이 인기가 많을까? 이는 딥러닝을 활발하게 연구하고 응용할 수 있는 환경이 갖춰졌기 때문이다. 딥러닝에는 입력값과 출력값 간의 복잡한 관계를 학습해낼 수 있다는 큰 강점이 있다. 하지만 인공신경망 속 수많은 인공뉴런들의 값을 계산하고 가중치를 학습하려면 방대한 데이터와 고성능 하드웨어가 뒷받침되어야 한다.

인터넷 발명 이후 기가바이트, 테라바이트를 넘어 페타바이트 수준의 데이터가 축적되면서 마이크로소프트, 구글, 페이스북 등 수많은 대기업에서 딥러닝 연구와 활용을 할 수 있는 재료가 쌓였다. 또 계산을 병렬 처리할 수 있게 해주는 그래픽처리장치Graphics Processing Unit(GPU) 칩의 성능이 급격하게 향상되어 딥러닝 학습 및 추론 시간을 상당히 줄일 수 있었다.[4] 만약 고성능 하드웨어가 뒷받침되지 않았다면 모델에 따라 학습하는 데 몇 주 혹은 몇 달이 걸릴 수도 있고, 학습된 모델로 결과값을 추론하는 데 밀리초가 아니라 몇 초, 몇 분이 걸릴 수도 있다. 이 정도 속도로는 대부분 서비스에서 실제로 활용하기 부적절하기에 하드웨어의 발전이 없었다면 딥러닝 기술이 지금처럼 큰 주목을 받지 못했을 것이다. 그렇다면 딥러닝을 포함한 머신러닝 모델은 실제 산업 현장에서 어떻게 쓰이고 있을까?

머신러닝이 모든 문제의 해결책은 아니다

먼저 꼭 짚어야 할 점은 산업 현장에서 겪는 모든 엔지니어링 관련 문제를 해결하기 위한 가장 적합한 방법이 머신러닝이 아닐 수 있다는 사실이다. 머신러닝은 특정 문제를 해결하기 위한 수단일 뿐이며, 머신러닝이 목적이 되어 끼워 맞추는 식으로 활용할 경우 오히려 안 좋은 결과를 초래할 수 있다. 만약 휴리스틱heuristic(간단한 규칙)을 써서 높은 성능으로 문제를 해결할 수 있다면, 머신러닝을 쓰기 위해 들여야 하는 자원을 아낄 수 있다.

가령 뉴스 관련 미디어 회사에서 스포츠 팀별 하이라이트 유튜브 영상을 분류하고 싶다고 하자. 스포츠 팀은 팀별로 특정한 이름이 있고, NBA와 같은 스포츠 리그는 팀이 30개밖에 안 된다. 따라서 각 팀 이름을 놓고 NBA 공식 플레이리스트의 영상 제목에서 간단한 고유명사 매칭 및 필터링을 거치면 꽤 높은 확률로 빠르게 팀별 게임 영상을 분류할 수 있을 것이다.

하지만 휴리스틱은 복잡해지거나 새로 유입된 데이터에 따라 규칙을 추가하거나 기존 규칙을 업데이트하기 어렵다는 문제가 있다. 가령 소셜미디어 회사에서 악성 댓글을 감지하는 모델을 만들고 싶다고 하자. 특정 비속어 단어 키워드를 매칭하는 규칙을 쓴다면, 새로운 비속어가 등장할 때마다 단어를 추가해야 하기 때문에 이를 유지하는 비용이 엄청나다. 이 경우에는 머신러닝이 비용을 줄이는 효과적인 방법일 수 있다. 딥러닝 모델에 문장 전체를 하나의 입력값으로 넣고, 출력값으로 그 문장의 혐오 종류와 수위 등을 분류하도록 학습시킬 수 있기 때문이다. 그럼 특정 키워드뿐만 아니라 악성 댓글의 문맥 패턴까지 학습하여 새로운 비속어가 등장하더라도 문맥이 혐오적이라면 이를 올바르게 감지하는 모델을 만들 수 있을 것이다.[5]

머신러닝이 주어진 문제의 적합한 해결책이라고 결론지었다고 하자. 하지만 머신러닝 프로젝트의 성공 여부는 여러 환경 조건에 의존한다. 첫 번째로 학습 데이터를 얼마나 쉽고 많이 구할 수 있는지 확인해야 한다. 여기서 쉽게 구한다는 말은 새로운 학습 데이터를 일회성이 아니라 끊임없이 얻을 수 있는 데이터 관리 시스템이 갖춰져 있음을 뜻한다. 예를 들어 이메일이 스팸메일인지 아닌지 구분하는 모델을 만든다고 하자. 우리는 종종 직접 스팸메일을 '기본 편지함'에서 '스팸메일함'으로 옮기는 작업을 한다. 이 작업을 통해 우리는 이메일 개발팀에 지속적으로 새로운 학습 데이터를 제공한다. 개발팀은 일정 시간이 지난 뒤 새로 유입된 스팸메일함 데이터를 종합해 학습 데이터에 추가하여 모델을 재학습시킬 수 있다. 만약 새로운 데이터를 구할 수 있는 시스템이 갖춰지지 않았다면, 모델은 쉽게 도태되어 장기적으로 사용할 수 없게 된다.

두 번째로 하드웨어 예산을 얼마나 확보할 수 있는지도

중요하다. 딥러닝을 활용하려면 학습 및 추론에 사용할 GPU가 필요하다. 딥러닝 모델의 종류, 크기, 복잡도에 따라 계산량이 달라지기 때문에 학습 및 추론 시간이 달라진다. 개발팀마다 제품을 릴리스해야 하는 시간적 여유도 다르다. 기한이 짧고 모델이 복잡한 구조를 가진 딥러닝이라면 고성능 GPU를 선택할 수밖에 없다. 또한 학습한 모델을 실제 서비스에 배치할 때 발생하는 서버 관리 비용도 생각해야 한다. 모델이 클수록, 그리고 추론용으로 자주 사용할수록 이 비용은 커진다. 따라서 예산에 따라 어떤 모델을 쓸 수 있는지 제한이 있을 수 있다.

마지막으로, 해결하려는 문제와 유사한 주제를 다루는 최신 머신러닝 논문이 존재하는지, 코드로 재구현 가능한지, 관련 오픈소스(누구나 접근해 사용할 수 있는 코드) 기술이 있는지, 응용 가능한지 여부도 중요하다. 통상 머신러닝 모델링을 할 때는 최첨단state-of-the-art 관련 기술을 찾아 코드로 구현하여 비즈니스 목적에 맞게 적용한다. 만약 검증된 관련 기술 논문이 전혀 없다면 모델에 관한 리스크가 커지기 때문에 훨씬 더 세밀한 검증 단계가 필요할 것이다.

신중히 고른 평가 지표의 중요성

만약 비즈니스 문제를 해결하기 위해 머신러닝이 적합하다고 판단하고 개발 조건이 충분히 갖춰졌다면, 본격적으로 프로젝트를 진행할 수 있다. 머신러닝 프로젝트의 첫 단계는 목표를 정확히 파악하고, 모델 성능과 제품의 평가 지표를 설정하는 것에 있다. 평가 지표가 잘못 설정된 경우, 프로젝트는 엉뚱한 지표에 최적화될 수 있다. 따라서 프로젝트 초반에 평가 지표에 대해 충분히 토의해야 한다.

먼저 모델 성능에 관한 평가 지표를 이야기해보자. 모델 성능이란 얼마나 잘 학습되었는지, 얼마나 빨리 입력값을 처리해 출력값을 추론하는지를 뜻한다. 위에서 언급한 악성 댓글 분류 모델의 경우 정밀도precision, 재현율recall 등 평가 지표를 통해 모델이 얼마나 잘 학습되었는지 파악할 수 있다. 이를 위해 학습용으로 쓰지 않은 데이터를 학습된 모델에 테스트한다. 예를 들어 전체 데이터가 100이라면 그중 70~80은 학습용, 나머지는 테스트용으로 쓸 수 있다. 테스트 데이터를 학습된 모델로 추론하여 추론값과 실제 y값을 비교해 평가 지표를 계산할 수 있다.

모델이 얼마나 빨리 추론할 수 있는지는 통상 1초에 추론할 수 있는 횟수인 초당요청량queries per second(QPS)으로 표기한다. 모델이 입력값을 더 빨리 처리하면 더 많은 유저에게 정보를 전달할 수 있다. 구글, Bing, 네이버 같은 검색엔진 서비스에서는 레이턴시latency(검색 후 결과가 나타나는 시간)가 매우 중요하기에, 추론 속도가 밀리초 단위로 빨라야 한다.

딥러닝에서 인공신경망은 어떻게 추론 시간을 줄일 수 있을까? 사실 은닉층을 늘릴수록 훨씬 더 복잡한 모델을 학습시킬 수 있다는 장점이 있다. 하지만 층이 늘어나고 인공뉴런의 개수가 늘어나면 처리해야 하는 계산량이 많아지기 때문에 추론 시간이 늘어날 수밖에 없다. 그래서 이미 학습된 복잡한 모델의 지식을 더 간소화한 구조를 갖는 모델에 전달하는 '지식증류knowledge distillation'[6]나 '모델양자화model quantization'[7] 같은 기법이 개발되었다.

지금까지 모델 성능에 관한 두 가지 평가 지표를 살펴봤는데, 이는 오프라인(서비스화 전 단계)에서 테스트할 수 있는 지표다. 모델을 온라인 서비스에 사용했다면 모델 수준이 아니라 전체 서비스 수준의 평가 지표를 봐야 한다. 예를 들어 매출 극대화에 최적화된 광고 추천 모델은 실제 유저의 광고 클릭 횟수가 늘었는지 확인할 수 있다. 악플 감지 모델은 새로운 댓글이 악플인지 아닌지 직접 확인해야 알 수 있기 때문에, 정밀도나 재현율 같은 지표를 서비스 환경에서 쓸 수 없다. 하지만 악플 감지 모델 출력값을 바탕으로 악플을 차단하는 시스템을 도입한 이후, 유저들의 댓글 신고 횟수가 줄었는지 확인할 수 있다.

그렇다면 온라인 서비스에 머신러닝을 도입하기 전후의 평가 지표를 어떻게 비교할 수 있을까? 보통 임의로 뽑은 유저들에게 일정 기간 동안 'A/B 테스트'를 실행한다. A/B 테스트란 유저 그룹 A에는 머신러닝을 도입하기 전 서비스를 유지하고 유저 그룹 B에는 머신러닝을 도입한 후 서비스를 적용하여, A와 B의 행동 패턴 차이를 보는 것이다. 단, 웹사이트나 모바일 애플리케이션에서 A/B 테스트를 진행할 때 악영향을 미치면 안 되는 중요한 비즈니스 지표들이 있다. 일일 방문 유저수daily active users, 일일 매출daily revenue 등이다. 이와 같은 지표에 직접적으로 악영향을 미칠 경우, 기업 가치에 타격을 일으킬 수 있으니 주의해야 한다.

첫 모델을 빨리 출시하라

평가 지표를 골랐다면 첫 모델을 빨리 개발하여 테스트 환경에 배포해보는 것이 좋다. 머신러닝 모델은 가장 간단한 '기준 모델baseline model'부터 시작해서 계속 개선해나가는 것이 중요하기 때문이다. 처음부터 성능이 뛰어난 모델을 디자인하고 학습시키려 한다면 너무 많은 시간을 허비할 수 있으며, 전체적인 파이프라인도 소홀하게 구축될 수 있다. 사실 머신러닝 프로젝트에서는 모델링도 중요하지만, 어떻게 학습된 모델을 테스트하고 배포하는지, 배포한 모델을 어떻게 모니터링하는지, 추론에 오류가 있다면 어떻게 피드백을 받아 재학습시키는지 등도 그만큼 중요하다. 그래서 가장 간단한 모델, 심지어 규칙성 휴리스틱 모델을 먼저 만들어 서비스해보면 전체적인 그림을 그릴 수 있고, 어느 부분이 부족한지 정확히 알 수 있다.

그렇다면 학습된 모델을 어떻게 서비스화할 수 있을까? 여기에는 크게 세 가지 방법이 있다. 첫째는 'REST API'라는 형태다. 클라이언트(유저)가 서버(모델)에 웹상으로 입력값을 보내 요청하면 서버에서 출력값을 다시 클라이언트에 전달하는 방식이다. 둘째는 오프라인에서 모델을 활용하는 방식이다. 예를 들어 검색엔진에서 음란물 사이트를 감지하는 모델을 학습했다고 하자. 이미 데이터베이스에 사이트에 관한 방대한 정보가 쌓여 있기 때문에, 오프라인 상태에서 이 모델에 데이터베이스에 있는 웹페이지 데이터를 입력해 추론한 결과 값을 도출해낼 수 있다. 셋째는 유저의 휴대 기기(핸드폰, 태블릿 PC 등)에 모델을 배포해 기기에서 직접 모델을 돌리는 방법이다. 이는 여러 최신 카메라 애플리케이션이 장면 인식, 얼굴 인식, 비디오 화질 개선 등을 위해 사용하는 방법 중 하나다. 이미지 및 비디오를 서버로 보내 처리하여 다시 모바일 기기로 받아내는 시간이 너무 오래 걸리기 때문에 모바일 기기에서 직접 모델을 돌리는 경우 레이턴시를 효과적으로 줄일 수 있다.

모델보다 데이터 수집에 투자하라

이미 모델링에 충분한 시간을 투자했다면, 더 나은 모델링을 모색하는 것보다 더 나은 데이터를 수집하는 것이 효과적일 수 있다. 컴퓨터공학에 '쓰레기를 넣으면 쓰레기가 나온다 Garbage in, garbage out'라는 말이 있다. 이 말은 결국 좋지 않은 데이터를 학습시켰을 때 실망스러운 추론 능력을 갖게 된다는 뜻이다. 가령 개와 고양이의 사진을 구별하는 모델을 만든다고 할 때 학습 데이터 중 개 사진에 고양이로, 고양이 사진에

개로 잘못 표기된 자료가 올바른 자료만큼 많다고 하자. 이 경우 모델의 구조가 아무리 복잡해도 유의미한 학습을 하지 못한다.

그렇다면 어떻게 양질의 데이터를 수집할까? 먼저 유저의 도움을 받을 수 있다. 유저가 새로운 데이터를 레이블링labeling 할 수 있는 시스템을 개발할 수 있다. 레이블링이란, 학습 데이터에 x값에 대한 y값을 부여해주는 것을 뜻한다. 예를 들어 앞서 언급한 스팸메일 필터링 모델은 유저가 기본 편지함에서 스팸메일함으로 스팸메일을 옮기는 행동을 통해 x값(이메일 내용)에 대한 y값(스팸메일인지 여부)의 쌍을 학습 데이터에 새롭게 추가할 수 있다. 서비스에 따라 앱에서 유저가 피드백을 남길 수 있는 기능을 만들어 개발팀 이메일로 보내는 형태로 상시 피드백을 받을 수도 있다.

그다음으로 외부 업체에 레이블링 작업을 맡겨 추가로 학습 데이터를 수집할 수 있다. 문제는 레이블링 인력의 충원, 교육, 관리 비용이 상당하고, 레이블링 인력이 모두 같은 기준으로 작업할 수 있도록 해야 양질의 학습 데이터를 확보할 수 있다는 것이다. 최근에는 '아마존메커니컬터크Amazon Mechanical Turk'[8]와 같은 크라우드소싱 형태로 레이블링 작업을 맡기거나, 아예 '스케일AIScale AI'[9]와 같은 머신러닝 레이블링 전문 회사도 생겼다.

마지막으로는 딥러닝 모델로 추가 학습 데이터를 생성해내는 방법이 있다. 이미지 데이터의 경우 생산적 적대신경망 Generative Adversarial Network(GAN)이라는 딥러닝 모델을 이용해 진짜 데이터와 완벽히 유사한 가짜 이미지 데이터를 생성해낼 수 있다.[10] 텍스트 데이터의 경우, 여러 방법 중 하나인 역번역backtranslation 기법을 이용할 수 있다.[11] 예를 들어 딥러닝 기반 번역 모델을 사용해 '오늘 수고했어'라는 한국어 문장을 영어로 번역한 뒤, 그 영어를 다시 한국어로 번역하면 모델에 따라 '고생 했어 오늘'이라고 나올 수 있다. 이 방법으로 똑같은 의미를 지닌 문장을 여러 형태로 생성해낼 수 있다.

인공지능, 머신러닝, 딥러닝의 발전과 함께 IT 기술은 지난 10여 년 사이 놀랍도록 도약했다. 이와 동시에 인공지능이 일자리를 대체할 수도 있다는 사회적인 두려움도 생겨났다. 필자는 기존의 단순 반복 업무 중심 일자리는 인공지능이 충분히 대체할 수 있지만, 동시에 인공지능이 새로운 산업을 만들어내 또 다른 다양한 일자리를 창출해낼 것이라 생각한다. 딥러닝이 학술적으로 많이 발전한 데다 실제 산업 현장에서 응용될 수 있는 여지가 무궁무진하기 때문이다. 과거 인터넷이 대단한 기술이라 생각했지만 우리는 지금 이를 당연하게

여긴다. 지금은 딥러닝이 대단한 기술이라 생각하지만, 머지
않아 딥러닝은 누구나 쉽게 사용하며 당연하게 여기는 기술
이 될 것이다.

3장

핀테크와 테크핀이
경쟁하는 시대의 금융

우 지 환

데이터 과학자이며 교수. KAIST 전기및전자공학과에
서 학사·석사학위를 받고 박사과정을 수료했으며, 고려
대학교 기술경영전문대학원에서 박사학위를 받았다. 로
봇에 흥미를 가지고 로봇의 시각에 해당하는 컴퓨터 비
전을 전공했고, 이후 시장에서 가치가 있는 기술 개발에
궁금증이 생겨 기술경영학을 공부했다. 지금은 인공지능
기술을 금융 시장에 접목하기 위한 연구를 하고 있으며,
벤처기업에 대한 투자에 관심이 많다.

로봇 연구소에서 은행으로

"세상에, 네가 은행에서 일을 한다고?" 오랜만에 만난 대학 동창과의 술자리에서 친구들이 토끼 눈을 뜨고 물었다. 비단 친구들만이 아니다. 아내에게 처음 회사를 옮기겠다는 말을 전했을 때도, 누구보다 나를 잘 알고 내 편이었던 아내마저도 의아하게 생각했으니 그리 놀랄 일은 아니었다. 전자공학을 전공했고, 전자공학의 다양한 분야 중 로봇이 사물을 어떻게 바라보는지를 연구하는 컴퓨터 비전computer vision이라는 학문을 공부한 필자에게 금융권, 그것도 은행은 단 한 번도 생각해본 적 없는 선택지였다. 게다가 남들이 부러워하는 글로벌 기업의 중앙 연구소를 떠나 선택한 곳이 은행이었으니 말이다.

또래 친구들이 그러하듯, 어린 시절 로봇 만화를 열심히 보면서 자란 필자는 자연스럽게 로봇을 만들겠다는 꿈을 꾸게 되었다. 어린 시절부터 키워온 꿈 때문일까? 다른 과목보다 수학과 과목에 좀더 흥미를 가진 덕분에 운 좋게 카이스트 KAIST에 합격했고, 1998년 IMF 외환위기라는 커다란 국가 위기가 시작한 해에 큰 꿈을 안고 대학 생활을 시작했다. 카이스트에서 좋았던 점은 24시간 연구할 수 있는 환경과 전교생이 도보로 10분 내외 거리의 기숙사에 살 수 있어서 언제든 연구실에 갈 수 있다는 점이었다.

카이스트에서 로봇 제작과 관련한 다양한 연구 분야가 존재한다는 것을 알게 되었다. 로봇의 움직임을 담당하는 기계적 부분, 로봇이 움직일 수 있게 명령을 내리는 제어 부분, 로봇이 주변 환경을 탐지하고 정보를 모아서 움직임을 기획하는 인공지능 부분 등 다양한 분야가 필요했다. 이 중에서도 필자는 로봇이 카메라를 통해서 탐지한 정보를 바탕으로 주변 환경을 이해하는 '컴퓨터 비전'을 선택했다. '몸이 천 냥이면 눈이 구백 냥'이라는 말이 있듯이, 심한 고도 근시였던 필자는 사람에게 눈이 얼마나 중요한지 알고 있었다. 마찬가지로 로봇에게도 눈이라는 감각 기관이 중요하다고 믿었다.

데이터 과학자의
일

컴퓨터 비전을 통해서 로봇은 주변의 3차원 환경을 만들고, 물체를 인식하고, 어떤 동작을 하는지 감지하고, 어떤 상황인지 파악할 수 있는데 이것이 나와 인공지능의 첫 만남이었다. '인공지능'은 무엇인가 특별한 것이라고 생각했지만, 컴퓨터 비전을 연구하면서 이미지나 영상 데이터를 분석해서 의미를 파악할 때 사용할 수 있는 기술이 인공지능이라는 것을 알게 되었다. 따라서 로봇에서 인공지능은 분리할 수 없는 필수 기술이라는 것도 깨닫게 되었다. 인공지능이라는 단어가 지금처럼 엄청나게 뜨겁지도 않았고, 딥러닝이라는 말도 없던 시절이었다. 돌이켜보면, 인공지능의 2차 겨울이라고 불리던 시절의 이야기다.

카이스트를 졸업한 후 삼성전자 연구소에 입사하여 컴퓨터 비전 연구를 이어나갈 수 있었다. 사실 당시에는 기업에서 컴퓨터 비전을 연구할 기회가 그리 많지 않았다. 구인란에 컴퓨터 비전, 인공지능, 딥러닝이라는 키워드가 판을 치는 요즘 시대에는 상상도 하지 못할 인공지능의 겨울이었다.

필자가 입사한 2010년은 삼성전자에 정말 중요한 시기였는데, 바로 삼성전자에서 애플의 아이폰에 대응하기 위한 스마트폰 갤럭시S 시리즈를 처음 출시했기 때문이다. 스마트폰에는 고성능 카메라가 부착되어 있었기 때문에, 로봇의 눈에서 연구하던 일들을 스마트폰에 적용할 수 있었다. 스마트폰으로 찍은 2차원 영상을 3차원으로 변환하는 일, 영상통화를 할 때 화면을 만화처럼 만들거나 통화하는 사람의 움직임에 맞춰 자연스럽게 캐릭터를 입히는 일, 사용자가 찍은 동영상을 요약하는 일, 사진 속 물체나 사람 얼굴을 인식하는 일 등 스마트폰이 세상에 등장하면서 무궁무진한 애플리케이션을 만들 수 있게 된 것이다. 스마트폰에는 카메라와 연산이 가능한 계산 칩이 있기 때문에, 인공지능 기술을 활용하여 이미지와 영상 데이터로부터 부가가치를 창출할 수 있었다.

스마트폰을 통해서 삼성전자는 최고의 글로벌 기업으로 발돋움하기 시작했고, 그 과정을 연구원으로서 경험한다는 것은 많은 보너스를 받는 것보다 훨씬 소중했다. 청소년 시절 만년 미국과 일본을 쫓아가던 우리나라 전자산업이 세계 시장에서 우뚝 서는 모습을 눈앞에서 보았다. 그 과정에 조금이나마 기여할 수 있었다는 자부심은 어떤 일도 할 수 있을 것이라는 자신감으로 이어졌다. 스마트폰이라는 기존에 없던 혁신적인 기기가 등장하면서, 시장과 산업의 룰을 파괴했기에 가능했다.

삼성전자에서 컴퓨터 비전 기술을 활용해 스마트폰의 성능을 향상시킨 공로로, 2013년 운 좋게도 미국 카네기멜론대

학교의 로봇연구소에 방문 연구원으로 나갈 수 있었다. 그곳은 로봇과 컴퓨터 비전 그리고 인공지능 분야에서 세계 최고의 연구를 진행하는 연구소 중 한 곳으로, 국내에서만 연구하던 필자에게 새로운 세상이었다. 딥러닝이라는 것이 등장해 막 꽃을 피우는 시기였고, 인공지능에 관한 다양한 연구가 진행되고 있었는데, 로봇뿐 아니라 생물학, 사회 문제, 금융, 의료, 예술 등 다양한 분야에 인공지능을 접목한 연구를 목격한 것은 신선한 충격이었다. 데이터는 어느 분야에서나 축적할 수 있다는 생각을 하지 못한 채 편협하게 이미지와 영상 데이터만을 처리했던 필자의 시야가 넓어지는 시발점이었다.

미국에서 돌아와 본격적으로 인공지능 연구를 시작했다. 이미지 데이터에서 의미를 찾아내는 분석 기술은 비단 이미지 데이터뿐만 아니라 다양한 데이터에 적용할 수 있다는 사실을 알게 되었기 때문이다. 마침 딥러닝이 2차 겨울에서 벗어나 새로운 봄을 맞이하는 시기였다. 평소에 주식 투자를 좋아했던 덕분인지, 이러한 딥러닝 기술과 금융을 접목할 수도 있을 것 같다는 생각이 들었다. 우리나라의 훌륭한 인재들이 금융권에 진출하는데, 정작 우리나라에는 세계 시장을 선도하는 글로벌 금융 기업이 없다는 점도 금융 분야에 관심을 가진 이유 중 하나였다.

스마트폰이라는 혁신적인 기기를 통해 삼성전자가 세계 최고의 제조 기업으로 성장할 수 있었듯이 인공지능, 딥러닝, 데이터 과학 등 새로운 기술이 등장한 지금 어쩌면 우리나라 금융 회사도 세계 시장에서 경쟁력을 보일 수 있겠다는 생각이 들었다. 이런 생각이 들 때쯤 정말 마법과 같이 은행에서 스카우트 제의를 받았다. 저평가된 우량주를 발굴해서 투자하는 전략과 유사하게, 새로운 기술을 통해서 세계적으로 성장할 가능성이 큰 은행에 커리어를 투자하겠다는 결정을 하게 되었다. 이것이 필자가 전자 회사에서 금융 회사로 옮긴 이유다.

고객의 서명이나 목소리를 데이터로 만드는 법

경영학과 경제학에 배경지식이 전혀 없는 필자가 은행으로 이직하여 어떤 일을 하게 되었는지 소개하면서, 은행에서 데이터 과학이 적용되는 분야를 이야기해보려 한다. 은행뿐만 아니라 모든 산업에 적용되는 인공지능 분야를 구분하는 방법 중 하나는 분석에 사용된 데이터를 기준으로 나누는 것이다. 그리고 이처럼 데이터 분류를 이용하여 금융 분야의 데이터 과학을 소개하는 것이 자연스러운 일이라고 생각한다.

데이터는 형태에 따라 정형 데이터structured data와 비정형 데이터unstructured data로 나뉜다. 물론 정형 데이터와 비정형 데이터 사이에 반정형 데이터semi-structured data가 존재하지만, 여기서는 편의상 두 종류의 데이터를 바탕으로 설명하고자 한다. 정형 데이터는 이름에서도 추측할 수 있듯이 형태가 갖추어진 데이터를 의미한다. 형태가 갖추어졌다는 것은 무엇을 의미할까? 쉽게 생각하면 우리가 평소에 엑셀 프로그램 안에 넣은 데이터라고 보면 된다. 금융 산업에서 본다면 주가 데이터, 기업의 재무 데이터, 고객 정보 데이터 등이 그 예다. 이와 반대로 비정형 데이터는 형태가 정해져 있지 않는 데이터를 의미한다. 이미지, 영상, 채팅 대화 목록 안의 대화 내용, 노래, 음성 같은 것들이다.

금융권에서 비정형 데이터를 이용한 데이터 과학 기술은 대표적으로 고객과 금융 업무를 연결하는 상담센터 서비스일 것이다. 모바일 애플리케이션 사용 빈도가 늘어나면서 금융의 많은 기능이 그 속으로 들어왔다. 특히 2019년 말부터 시작한 코로나-19 팬데믹 사태는 이러한 비대면 서비스 전환을 가속화했다. 비대면 서비스가 증가하면서 고객과 금융 업무 담당자들 사이에 소통이 더욱 중요해졌다. 모바일 디스플레이라는 한정된 공간 안에 많은 금융 서비스를 욱여넣다 보니, 익숙하지 못한 고객의 궁금증이 늘어났다. 은행에 직접 가서 금융 서비스를 이용하는 것은 시간과 공간의 제약이 많지만, 금융권의 전문가와 대면해서 정보를 얻는 경험을 놓치기 싫은 고객이 있다. 그들에게 필요한 것은 인공지능 상담원이다.

고객은 전화로 상담을 요청할 수도 있고, 채팅창에서 상담을 요청하기도 한다. 전화와 채팅이라는 의사소통 수단의 핵심이 바로 음성과 텍스트라는 비정형 데이터다. 고객의 음성을 인공지능 상담원이 이해하기 위해서는 음성을 문자로 변환하는 기술이 필요하다. 보통 이 기술을 음성에서 문자로 변환한다는 의미에서 'speech to text', 줄여서 'STT'라고 부른다. 텍스트로 변환된 고객의 음성이 어떤 내용인지 분석하는 것 또한 인공지능의 역할이다.

아쉽게도 컴퓨터는 사람처럼 음성을 듣거나 텍스트를 바로 읽는 것이 아니라, 숫자만을 입출력할 수 있다. 따라서 음성에서 텍스트로 변환된 데이터를 다시 한번 숫자로 변환하는 과정이 필요하다. 그리고 이렇게 숫자들의 집합으로 변환된 데이터는 딥뉴럴네트워크deep neural network, DNN에 입력되고, 복잡한 연산을 거쳐서 결과가 나온다. 결과는 이 문장이 어떤 의미인지, 질문에 어울리는 답은 무엇인지, 문장의 의도는 무

데이터 과학자의
일

엇인지 등 다양하다. 이런 다양한 연산 처리를 하는 단계를 '자연어 처리 natural language processing'라고 한다.

물론 컴퓨터는 숫자만을 입력하고 출력하기 때문에, 자연어 처리 결과도 당연히 숫자다. 때문에 앞서 문자를 숫자로 변환한 것처럼 다시 숫자를 문자로 변환하는 단계를 거친다. 그리고 마지막으로 문자를 음성으로 변환하는 단계인 'text to speech', 줄여서 'TTS'를 통해서 고객에게 답이 전달된다. 기존 상담 기록을 빅데이터로 분석하고 목소리를 이해하여 고객이 요청한 업무를 수행하고, 다시 음성으로 고객에게 답을 전달하는 일을 할 수 있게 된 것이다. 고객이 채팅으로 물어본다면 앞서 소개한 과정에서 STT와 TTS가 줄어들기 때문에 더 빠르고 정확하게 일을 진행할 수 있다. 전문 상담사가 상담하는 경우 근무 시간과 인력에 제한이 있어 고객들이 오래 기다려야 했지만, 인공지능 상담사는 시간에 구애받지 않고 기다림 없이 음성과 채팅 등 원하는 형태로 업무를 처리할 수 있다.

비정형 데이터의 한 축인 이미지 또한 금융 산업에서 중요한 데이터다. 금융 기관에서 업무를 볼 때면 무척 많은 서류에 서명을 하고 확인을 한다. 모두 손으로 쓴다. 서류의 종류도 다양하고 기입하는 내용도 다양하다. 예전에는 이 서류를 데이터로 활용하기 위해 담당자가 서류를 일일이 읽고 엑셀에 데이터로 입력해야 했다. 매일 발생하는 수만 건의 상담에 관한 수만 개의 서류가 쌓이고, 담당자들은 이를 정리하기 위해 많은 시간과 고도의 집중력을 투여해야 했다. 하지만 체력과 근무 시간에 제약이 있어 처리 건수가 많지 않고, 사람이 하는 일이다 보니 실수도 발생했다. 무엇보다 단순 업무가 과도하게 반복되었다는 점이 큰 문제였다.

이러한 문제를 해결하기 위해 최근 금융 기관에서는 작성된 서류를 스캔하여 이미지 형태로 만들거나, 처음부터 고객이 키패드 등에 손글씨를 입력하도록 한다. 이미지를 분석해서 그 안에 적힌 글씨를 읽는 기술을 '광학문자인식optical character recognition(OCR)'이라고 한다. 이 기술을 활용하면 모든 서류에 있는 글자와 숫자를 자동으로 인식해서 엑셀의 데이터 칸에 채워 넣고 관리할 수 있다. 즉 비정형 데이터를 정형 데이터로 변환할 수 있게 되는 것이다. 서류에서 문자만 뽑아내 딥러닝 네트워크에 입력하면 서류의 종류를 분류하고, 서류에 적힌 내용에 문제가 없는지를 자동으로 판별할 수 있다. 또 손글씨로 작성된 필체를 감별하고, 데이터베이스에 기록된 수많은 서명과 비교해서 작성된 서명이 진짜인지 가짜인지 판별할 수도 있다.

데이터 과학자의
일

보안, 예측, 추천… 다양하게 활용되는 인공지능

금융 산업에서 보안은 매우 중요하다. 지점에 방문하는 경우에는 신분증을 보여주면 되겠지만, 애플리케이션이나 전화로 접속했을 때 신분을 증명하기 위해서는 계좌번호와 비밀번호를 누르고 전화번호가 맞는지까지 확인한다. 많은 시간이 걸리는 일이기도 하지만, 번호가 노출되면 보안이 쉽게 뚫린다는 단점이 존재한다. 이때 목소리만 몇 초 듣고 사용자를 인증할 수 있게 도와주는 것이 화자 인증 기술이다. 목소리를 듣고 분석해서 신원을 확인하는 기술이 금융권에 새롭게 적용되는 데이터 과학의 신기술 중 하나다. 목소리뿐만 아니라 홍채, 맥박, 안면 등 다양한 생체 정보가 인증에 활용될 수 있는데, 이것을 가능하게 만드는 것이 데이터 과학이다.

음성과 텍스트 그리고 이미지와 영상을 분석하는 데이터 과학 기술이 결합되어 나온 것이 디지털 무인 지점이다. 이는 디지털로 만들어진 인공지능 휴먼만으로 이루어진 금융 기관이라고 생각하면 된다. 은행을 방문한 고객의 얼굴을 인식하여 기분과 상태 등을 파악하고, 고객이 기존에 이용한 상품을 분석해 최적의 서비스를 제공하는 것이 인공지능 휴먼의 역할이다. 인공지능 휴먼과 고객이 소통하는 데는 음성 인식

기술이 적용되며, 고객의 신분증, 통장, 금융 서류 등을 인식하는 역할은 OCR이 담당한다. 이 기술이 더 발전하면 무인 지점이 아니라 집에서 가상현실virtual reality(VR) 또는 증강현실augmented reality(AR)을 사용해서 사이버 지점을 방문하여 동일한 업무를 볼 수 있는 단계로 발전할 것이다.

환율, 주가, 회사의 재무 정보, 고객의 자산 상태 등 금융 산업에는 다양한 형태의 정형 데이터가 존재한다. 데이터 과학이 등장하기 전까지 이런 데이터는 서버의 한구석에서 메모리를 크게 차지하는 파일에 지나지 않았다. 이름을 불러주었을 때 비로소 꽃이 되었다는 한 시인의 아름다운 구절처럼, 파일에 지나지 않았던 데이터가 딥러닝, 빅데이터 분석의 등장 덕에 비로소 의미 있는 자원이 되었다.

데이터 과학이 잘할 수 있는 분야는 기존의 데이터로 미래의 데이터를 예측하거나 기존 데이터의 패턴을 분석해 새 데이터가 어떤 곳에 속하는지 분류하는 일, 주어진 데이터를 분석하여 비슷한 내용끼리 그룹으로 만들어 데이터를 분할하는 세그멘테이션segmentation 등이 있다. 데이터 과학에서 사용하는 단어로 설명하면, 미래를 예측하는 것은 '회귀regression', 새로운 데이터가 들어왔을 때 어디에 속하는 것인지 결정하는 것을 '분류classification', 데이터를 비슷한 것끼리 묶는 것을

'군집화clustering'라고 부른다.

내일의 주가나 환율을 예측할 수 있다면 어떨까? 주가나 환율이 오른다고 예상되면 오늘 주식이나 외환을 샀다가 내일 팔면 될 것이고, 반대로 떨어진다고 예상되면 주식이나 외환을 당장 팔아야 할 것이다. 상승할지 하락할지 또는 상승량이나 하락량이 얼마나 될지 예측해서 투자 전략을 세우는 데 도움을 주는 것이 '회귀'의 역할이다.

은행이나 증권사에서 새로운 펀드를 만들기 위해서는 꼭 해야 하는 절차가 있다. 투자 성향 분석이다. 많은 질문을 꼼꼼히 읽어가면서 답을 체크하다 보면 시간이 많이 걸리고, 과연 이것이 정확한지 의심이 된다. 이럴 때는 고객의 과거 투자 패턴을 분석해서 이 고객이 어떤 성향의 투자자인지 분류하는 기술이 빛을 발한다.

마지막으로, 금융 기관에서는 다양한 상품을 판매하기 위해 고객들을 여러 그룹으로 나눈다. 이것을 세그멘테이션이라고 부르는데, 비슷한 그룹에 속한 고객에게는 같은 그룹의 다른 고객이 선호한 제품을 추천한다. 왜냐하면 비슷한 성향의 그룹에 속하면 비슷한 성향의 투자를 할 확률이 높기 때문이다. 이런 역할을 담당하는 것이 군집화 기술이다. 이런 기술은 비단 금융권뿐만 아니라 우리가 평소에 접하는 넷플릭스의 영화 추천이나, 포털 사이트의 광고 추천에도 활용된다.

주식 투자를 할 때, 너무 오른 것 같은 주식은 겁이 나서 투자하기가 망설여진다. 또 보유한 주식이 떨어질 때는 냉철하게 팔아야 하는데, 본전이 생각나서 머뭇거리게 된다. 사람이 하는 일이다 보니 냉정하게 생각하려 해도 비이성적인 판단을 하게 된다. 이런 부분을 인공지능이 담당한다면 어떻게 될까? 이런 의문에서 등장한 것이 로보 어드바이저Robo-Advisor다. 로보 어드바이저는 데이터 과학 기술을 활용해서 회사의 재무 상태와 주가 흐름을 파악하고, 주식을 사야 할 타이밍과 팔아야 할 타이밍을 계산한다. 또한 위험을 분산하기 위해서 다양한 주식에 얼마큼 배분해야 하는지도 결정할 수 있다. 이런 기술은 2016년 인공지능 알파고가 이세돌 기사를 이길 때 사용된 '강화학습reinforce learning'이다. 주어진 데이터에 대해서 인공지능이 좋은 판단을 하면 보상을 제공하고 그렇지 못한 경우에는 벌칙을 주어 인공지능이 스스로 올바른 선택을 할 수 있게 학습시키는 방법이다.

위에서 소개한 모든 시나리오가 완성되면 인간의 일을 모두 인공지능이 대체할 것이라는 우려의 시선도 존재한다. 인공지능을 조금 연구한 입장에서 이러한 우려에 대한 나름의 답을 제시해본다. 인공지능이 잘할 수 있는 것과 인간이 더 잘할 수 있는 것에 대한 이해가 중요하다. 인공지능은 복잡한 데이터 속에서 패턴을 찾거나 빠르게 산술 연산을 하는 데서 인간보다 뛰어난 능력을 보여준다. 하지만 우리 인간이 위대한 이유는 추론하는 능력에 있다. 패턴을 찾는 것이 아니라 문맥과 단서를 이용해서 본질을 파악하고, 새로운 지식을 창출하는 능력이 인간의 일이다. 인공지능이 더 잘할 수 있는 일은 인공지능에 맡기고 인간이 더 잘할 수 있는 일에 집중하는 것이 중요하다. 근거 없이 인공지능을 두려워할 필요는 없고, 인공지능의 능력을 과대평가할 필요도 없다.

테크핀과 핀테크 경쟁의 승자는?

이처럼 금융 산업에서 데이터 과학이 적용되는 분야는 무궁무진하다. 세계 최고의 투자은행이라는 골드만삭스의 경우, 명문 대학교 MBA 출신의 트레이딩 전문가가 600명에서 2명으로 줄어들었고, 이제 그 일을 데이터를 학습한 컴퓨터가 담당하고 있다. 회장 스스로 골드만삭스는 IT 회사라고 부른다. 인공지능과 딥러닝의 등장으로 금융 산업 자체가 커다란 변화의 시기를 맞이한 것이다. 인류의 역사가 시작된 이래로 존재했던 금융 산업은 1차, 2차, 3차 산업혁명 시대에도 흔들림 없이 그 자리를 지켜왔다. 하지만 인공지능의 등장으로 시작된 4차 산업혁명 시대에는 커다란 변신을 요청받고 있다. 변화하지 않으면 도태되기 때문이다.

데이터 분석을 통해 금융 산업의 기존 패러다임이 변화하는 것과 함께 금융 산업에 새로운 경쟁자가 등장한 점도 중요하다. 친구들과 함께 점심을 먹고 비용을 나눌 때를 생각해보면 답을 찾을 수 있다. 예전에는 계산한 친구에게 인터넷 뱅킹으로 이체하거나 현금으로 내 몫의 돈을 주었다. 속된 말로 'n빵'이라고 부른다. 하지만 요즘은 어떨까? 카카오톡에서 정산하기 기능을 이용하면 손쉽게 송금할 수 있다. 모임 통장 기능이 있는 스마트폰 애플리케이션을 이용해서 투명하게 회비를 관리할 수도 있다. 네이버나 카카오 같은 기술 기반 회사들은 자체적으로 금융 기능을 더해서 금융 산업에 도전하고 있다. 2021년 상장한 카카오뱅크의 시가 총액은 우리나라 최대 금융 회사의 시가 총액을 앞지른 지 오래다.

금융 산업에 대한 이해는 기존 금융 회사들보다 부족할지 몰라도, 인공지능과 딥러닝이라는 새로운 기술로 무장한 기술 기반 회사들을 기술technology과 금융finance의 영어 단어를 합쳐서 '테크핀TechFin'이라고 부른다. 이러한 테크핀 회사와의 경쟁은 기존 금융 산업이 경험하지 못한 일이다. 단순히 포털 사이트 업체들만 금융 산업에 관심을 두는 것은 아니다. 자동차 산업에서 인공지능 기술이 보편화되어 자율주행 자동차가 표준이 된다면, 자율주행 자동차는 하나의 새로운 플랫폼이 되어 그 안에 결제, 송금, 보험 등 금융 기능을 더할 수 있다. 운전자가 운전에 집중하던 시간을 쇼핑이나 엔터테인먼트 소비에 활용할 수 있는 것이다. 자동차 회사는 이런 금융 기능을 자율주행 자동차와 결합할 수 있다.

이런 현상은 비단 우리나라만의 현실이 아니다. 2019년에 출장으로 베이징에 갔을 때 받은 충격은 아직도 잊을 수가 없다. 교통, 음식 구매, 쇼핑 등 대부분의 거래가 현금이나 신용카드가 아닌, 알리바바에서 만든 QR코드나 중국의 카카오톡이라고 불리는 스마트폰 메신저 위챗의 결제 기능을 통해 이루어졌다. 휴대폰만 있으면 언제 어디서든 쉽게 결제하고 송금할 수 있는 사회는 미래의 모습과도 같아 보였다.

테크핀과 반대로 기존의 금융 회사들이 기존의 금융 역량에 데이터 과학 기술을 결합해서 변신하는 것을 금융과 기술의 결합이라는 의미에서 '핀테크FinTech'라고 부른다. 금융 시장을 두고 핀테크와 테크핀의 경쟁이 펼쳐지게 된 것이다. 세상에서 가장 재미난 일 중 하나가 싸움 구경이라고 했다. 핀테크와 테크핀의 거대한 경쟁을 지켜보는 소비자들은 재미있을 것이다. 경쟁이 치열할수록 소비자가 누릴 수 있는 것은 더 늘어나기 때문이다. 하지만 실제 경쟁에 참여하는 당사자는 힘이 든다. 기존 금융 회사들 사이의 경쟁도 어려운데, 새로운 경쟁자인 테크핀과도 경쟁해야 하기 때문이다.

인공지능에 기반한 데이터 분석 기술을 이용해서 빅데이터를 정확히 분석하는 것은 당연히 중요하다. 하지만 더 중요한 것은 데이터 자체다. 그래서 데이터는 4차 산업혁명의 철강에 비유되기도 한다. 핀테크와 테크핀의 경쟁에서 핀테크에 근소하게나마 더 점수를 줄 수 있는 것은, 서버에 저장된 파일이나 지하 창고에 쌓여 있던 서류 때문이다. 이것들을 모두 데이터화한다면 핀테크는 테크핀이 가지지 못한 빅데이터를 가지게 되는 것이다. 이러한 데이터를 가치 있게 만드는 작업, 그 누구도 쳐다보지 않던 꽃에 이름을 불러서 비로소 꽃이 되게 만드는 작업이 금융 회사에서 데이터 과학자들이 해야 할 일이다.

회사를 옮기고 나서 친구들이 물었다. 새로운 분야에 도전하는 것을 후회하지 않냐고. 그럴 때는 담담하게 이야기해 준다. 힘들지만 후회는 하지 않는다고. 글로벌 시장에서 변방에만 있던 우리나라 금융 산업이 세계 무대에 등장할 수 있는 기회를 잡았고, 그 변화의 과정에 동참할 수 있기 때문에 힘들기만 한 것은 아니다. 인공지능과 빅데이터 기술의 등장이 없었더라면 우리나라의 금융 산업에는 큰 변화가 없었을 것이다. 하지만 금융 시장이 새롭게 요동치는 지금은 위기이자 기회다. 데이터 과학을 잘 이용해서 기존 금융 산업의 한계를 뛰어넘고 새로운 표준을 제시하는 금융 기업이 세계 무대에서 강자가 될 것이기 때문이다. 10년 전에 삼성전자가 스마트폰이라는 새로운 기기를 선보이며 글로벌 기업으로 한층 더 발돋움할 수 있었던 것처럼 말이다.

배는 항구에 있을 때 가장 안전하지만, 항구에 머무는 것이 배의 목적이 아니라고 한다. 카이스트에서 국민의 세금으로 공부할 수 있던 소중한 경험을 단지 꼬박꼬박 월급 받으면서 편안하게 사는 데 사용하고 싶지는 않다. 조금 힘들더라도 산업의 새로운 질서가 재편되는 과정에서 필자가 가진 지식과 경험을 우리나라 기업이 글로벌 무대의 대표 기업이 되는 데 사용하고 싶다는 대학교 신입생 때의 마음이 남아 있기 때문이다.

4장

게임, 가장 풍부한 데이터가
뛰노는 세상

이 은 조

전산학으로 학사·석사학위를 받고 보안학으로 박사학위
를 받았다. 현재 엔씨소프트에서 데이터 분석 및 엔지니
어링 조직 실장으로 근무하며 머신러닝 및 통계 모델링
기반의 다양한 업무를 수행하고 있다. 회사에서 수행하
는 데이터 분석 기술과 응용 사례를 외부에 홍보하기 위
해 실원들과 함께 'DANBI(https://danbi-ncsoft.github.
io)'라는 기술 블로그를 운영하고 있다.

데이터 분석가에게 가장 이상적인 환경, 게임

게임은 IT의 역사와 함께했다 해도 과언이 아니다. 개인용 컴퓨터personal computer(PC)가 등장해 가정에 보급되기 시작한 1980년대에는 비디오 게임이, 인터넷이 확산되던 2000년대 초반에는 온라인 게임이, 그리고 스마트폰 없이는 잠시도 버틸 수 없는 최근에는 모바일 게임이 아이 가진 부모의 속을 썩이고 있다. 이처럼 주요 IT 기술의 등장과 발달에는 항상 게임이 함께해왔다. 데이터 과학 역시 예외는 아니다. 아니, 어쩌면 게임은 데이터 과학이 가장 빛을 발할 수 있는 분야가 아닌가 싶다.

게임은 IT 기술뿐만 아니라 미술, 음악, 문학과 같은 예술 분야가 종합적으로 접목된 창작물이다. 오늘날 우리가 접하는 유명한 게임은 대개 위와 같은 여러 분야에서 활동하는 전문가 수백 명이 몇 년에 걸쳐 협업한 끝에 만들어낸 결과물이다. 그래서 게임은 종종 영화에 비유되기도 한다. 그런데 한편으로 최근에 출시되는 게임은 영화보다 일일 드라마에 더 가까운 것 같다. 영화는 제작이 끝나고 극장 상영을 시작하면 감독이나 제작자의 손을 완전히 떠난다. 수정이나 재촬영은 불가능하다. 반면 최근에 나오는 게임은 단순히 개발에서 그치지 않고, 출시 후에도 지속적인 서비스를 위해 운영 및 유지 보수에 많은 노력을 기울인다. 게임 플레이어의 반응을 모니터링하면서 문제점을 수정하거나 난이도를 조정하기도 하고, 심지어 새로운 콘텐츠를 계속 추가하기도 한다.[1] 게임을 단순한 제품이 아니라 서비스 개념으로 접근하는 것이다. 그래서 플레이어가 어떤 식으로 게임을 즐기는지, 어떤 부분에서 어려움을 겪거나 불만을 갖는지 등을 지속적으로 파악하고 해결책을 찾는다. 이때 데이터 분석은 중요한 역할을 한다.

최근 출시되는 게임은 대부분 플레이어가 게임을 실행하면 인터넷을 통해 서버에 연결되는 방식을 취한다. 이 서버에는 게임과 관련된 다양한 이벤트를 기록한 데이터가 쌓이게

데이터 과학자의
일

된다. 이런 데이터를 '로그log'라고 부른다. 원래 로그는 시스템에 어떤 문제가 발생할 경우 그 원인을 찾기 위한 용도로 남기는 기록이었다. 그런데 근래에는 데이터 분석 목적으로 더 많이 사용한다. 그러다 보니 점점 로그를 남기는 형식 역시 디버깅 목적보다는 데이터 분석에 적합한 형태로 변하고 있다.[2] 이를테면 우리가 흔히 육하원칙(5W1H)이라고 부르는 요소를 최대한 고려하여 로그를 설계한다. 즉 게임에서 플레이어가 어떤 행위를 하거나 사건이 발생할 때마다 언제/어디서/누가/무엇을/어떻게 했는지가 로그에 남도록 하는 것이다.[3] 물론 구체적으로 어떤 정보가 로그 데이터로 남는지는 게임 장르와 특성, 데이터 활용 목적 등에 따라 조금씩 다르다.

예를 들어 비교적 단순한 구조의 퍼즐 게임에서는 보통 서로 게임 플레이 기록을 공유함으로써 자신의 기록을 자랑하거나, 다른 사람의 추천을 통해 자신에게 필요한 아이템을 얻는 방식으로 신규 유저를 확보하는 등의 기능을 제공한다. 이 경우 게임 서버에는 어떤 플레이어가 어떤 스테이지까지 완료했는지, 특정 스테이지에서 몇 번의 실패 끝에 재도전하여 성공했는지, 각 스테이지를 완료하는 데 걸린 시간은 얼마인지, 플레이어가 추천하여 새로 유입된 사람은 몇 명이고 누구인지 등이 기록된다.

플레이어 간의 상호 작용이 더 적극적인 게임이라면 더 세밀한 데이터가 기록될 수 있다. 이를테면 1인칭 슈팅First Person Shooter 게임의 경우 누구와 대결했는지, 전적이 어떻게 되는지, 어떤 방식으로 승리 혹은 패배했는지, 대결 결과가 나오기까지 시간이 얼마나 걸렸는지, 대결 과정에서 어떤 기술을 이용했는지 등이 기록될 수 있다. 심지어 자유도가 높은 대규모 다중 사용자 온라인 롤플레잉 게임(MMORPG)의 경우, 조금 과장하자면 현실 세계에 거의 근접한 수준의 활동들이 기록된다. 이처럼 세밀하고 풍부한 데이터가 있기 때문에 데이터 분석가에게 게임은 참으로 매력적인 분야가 아닐 수 없다. 비유하자면 세상에 존재하는 온갖 재료가 가득 담긴 초대형 냉장고 앞에 선 요리사가 된 기분이다.

유저를 '고인물'로 만들기 위하여

이렇게 쌓인 로그 데이터는 게임 운영 과정에서 다양한 목적으로 사용된다. 게임 분야에서는 구체적으로 어떤 분석을 할까? 크게 네 가지로 나눠서 설명할 수 있다.

첫째, 마케팅 및 프로모션 지원 활동이다. 게임이 출시되면 사람들의 관심을 끌기 위해 여러 가지 마케팅 활동을 한다. 이를 위해 기본적인 노출형 광고 외에도 다양한 신규 유저 유입 마케팅을 한다. 이를테면 게임 출시 전에 미리 등록한 사람들에게는 게임 출시 후 활동에 도움이 되는 아이템을 주는 것이다. 이 경우 사전 등록 마케팅에 참여한 사람들의 규모는 얼마나 되는지, 어떤 경로를 통해 참여하게 되었는지, 주로 생성한 캐릭터 종류는 무엇인지, 기존에 다른 게임을 하는 비율은 얼마인지 등의 자료를 분석해 실제 게임이 출시되었을 때 예상되는 사용자 규모나 게임 이용 경향 등을 추정하는 데 활용할 수 있다.

게임이 출시된 후에는 플레이어들의 게임 활동을 지원하거나 흥미를 돋우기 위한 여러 이벤트 프로모션을 한다. 주 타겟층이 학생이라면 새 학기나 방학 시즌에 맞는 이벤트를 할 것이고 핼러윈, 크리스마스, 화이트데이, 밸런타인데이 등에는 해당 기념일에 맞는 콘셉트의 특별 퀘스트나 아이템 제공 등을 진행하기도 한다. 엔씨소프트는 2020년에 프로야구 엔씨 다이노스의 정규 시즌 우승이 확정되는 날에 맞춰 대대적인 우승 기념 이벤트를 한 적이 있다. 여담이지만 당시 엔씨 다이노스는 시즌 종료를 몇 게임 앞두고 이미 우승이 거의 확실한 상황이었다. 그래서 게임 운영팀에서는 우승 기념 아이템을 플레이어들에게 나눠주기 위한 모든 준비를 마친 채 시즌 우승이 확정되는 순간만을 기다리고 있었다. 그런데 마지막 1승을 앞둔 시점에서 몇 차례 계속 패배하는 바람에 담당자들은 며칠 동안 계속 야구 경기가 끝나는 늦은 시간까지 사무실에 대기하곤 했다. 결국 엘지 트윈스와의 경기에서 우승을 확정지었는데, 아마 그 당시 다이노스 팬들 못지않게 우승을 기뻐했던 사람들은 드디어 야근을 끝내게 된 이벤트 담당자들이 아니었을까 싶다.

이런 이벤트를 하면 해당 이벤트가 얼마나 효과적이었는지, 이벤트로 인해 플레이어들이 어떤 영향을 받았는지 등에 대한 후속 분석이 이루어진다. 어떤 이벤트는 특정 기준을 충족하는 사람만 대상으로 진행하기도 한다. 이런 경우 기준 충족 여부를 판단하기 위한 데이터 집계 작업이 필요한데, 이것 역시 데이터 분석가의 역할이다.

나아가 고객의 이탈을 방지하기 위해 프로모션을 하는 경우도 있다. 이럴 땐 조만간 게임을 그만둘 것 같은 사람들을 잘 찾는 것이 중요하다. 이것을 이탈예측churn prediction이라고 부르는데, '고객관계관리customer relationship management(CRM)'에서 오래전부터 많이 연구하는 분석 분야다. 과거에는 주로 통신사나 보험사와 같이 이용자의 가입 및 탈퇴가 명확하고 회원 관리가 잘되는 분야에서 주로 이루어졌지만, 데이터의 중요성이 점차 강조되고 빅데이터 관련 인프라가 구축되면서 웹서비스나 쇼핑 등 다양한 분야로 널리 확대되고 있다. 게임 분야에서도 플레이어의 이탈 징후를 파악하거나 원인을 찾기 위한 분석을 한다. 앞서 언급했듯이 게임 로그에는 세밀한 정보가 남기 때문에 플레이어의 활동 변화를 민감하게 감지할 수 있다. 이를 이용해 이미 게임에서 이탈한 집단과 아직 활동 중인 집단의 과거 활동 기록을 비교하여 이탈한 집단이 공통적으로 갖는 징후를 포착하는 것이 이탈 예측의 핵심이다.

이러한 작업은 얼핏 간단해 보이지만 필자의 경험에 의하면 생각보다 까다롭다. 그 이유를 몇 가지만 꼽아보면 다음과 같다.

우선 플레이어의 성향이 저마다 달라서 공통된 패턴을 찾기가 쉽지 않다. 이를테면, 사람들은 흔히 게임이 지겨워져서 그만둘 생각이 들면 점점 게임을 하는 시간이 줄어들고 게임 내 활동도 줄어들 것이라고 생각한다. 그러니 게임 플레이 시간이나 활동량이 감소하는 것을 이탈의 징후로 포착하면 되겠다고 생각할 수 있다. 그런데 최근에 분석한 바에 따르면 어떤 플레이어는 이탈하기 전에 오히려 플레이 시간이 늘어났다. 게임에 흥미를 잃은 어떤 사람은 게임을 그만두는 대신 요즘 모바일 게임들이 많이 지원하는 자동 플레이 모드를 유지한 채 게임을 방치해두기도 했다. 이 경우에는 오히려 본인이 직접 게임을 조작할 때보다 게임 플레이 시간이 더 길어진다.

애초에 게임에서 이탈하는 이유를 게임 내 활동만으로 찾기 어려운 경우도 있다. 어떤 플레이어가 현실 세계에서 사고가 나서 병원에 입원하거나, 군대를 가거나, 장기간 여행을 가서 게임을 안 하게 된다면, 제아무리 뛰어난 데이터 분석가라 하더라도 게임 활동 로그만으로는 이런 상황을 알 수 없을 것이다.

비록 이런 한계가 있지만 그렇다고 이탈 예측 분석이 쓸모없는 것은 아니다. 사실 데이터 분석은 대개 불완전하다. 완벽한 현황 파악이나 예측이 가능한 경우는 거의 없다. 따라서 실제 서비스에서는 이런 한계를 인식하고 어떻게 하면 예측 결과를 효과적으로 활용할 수 있을지 담당자들이 머리를 맞대고 아이디어를 짜내고 있다. 지금 여러분들이 즐기는 게임에서 진행되는 (다소 시답잖아 보이는) 이벤트들은 사실 데이터 분석가와 운영 담당자들의 이런 눈물겨운 고민 과정을 거친 결과물이다.

데이터 과학자의
일

'뱅붕'을 방지하기 위한 피나는 노력

게임 분야에서 로그 분석을 활용하는 두 번째 사례로는 게임 현황 파악 및 밸런스 조정을 위한 분석을 들 수 있다. 게임 데이터를 분석하는 주요 목적 중 하나는 게임 플레이어들의 반응을 모니터링하는 것이다. 이를 위해 게임을 플레이하는 사람이 총 몇 명인지, 그들이 하루에 평균 몇 시간 플레이하는지, 주로 플레이하는 시간대는 언제인지, 게임에서 주로 하는 활동은 무엇인지, 어떤 아이템을 선호하는지, 어떤 퀘스트를 가장 어려워하는지 등의 현황을 파악하는 것은 게임의 개선점을 찾기 위한 가장 기본적인 사항이다. 그래서 보통 이런 정보는 미리 지표로 정의해서 자동으로 집계한 후 그래프로 볼 수 있도록 대시보드를 만들어놓는다. 이것을 '비즈니스 인텔리전스business intelligence(BI) 시스템'이라고 부르는데 비단 게임뿐만 아니라 대부분의 업계에서 기본적으로 구축해놓는다. 어떤 정보를 모니터링하는지는 업계의 특성에 따라 조금씩 다르지만 전반적인 구조는 비슷하다. 보통 데이터 분석가는 BI 시스템에서 제공할 지표를 정의하거나 지표 추출을 위해 필요한 데이터 처리 로직을 개발하는 일을 담당한다. 간혹 데이터 분석가가 대시보드까지 개발하는 경우도 있지만 전문

웹 개발자보다는 개발 범위가 제한적이다.

한편 이렇게 자주 확인하는 지표 외에도 좀더 특수한 상황에 맞게 데이터를 확인해야 하는 경우도 있다. 가령 게임 '블레이드앤소울'에서 새로 업데이트를 하면서 추가된 퀘스트에 대한 플레이어의 반응과 게임 밸런스가 적절한지를 판단하고 싶다고 하자. 이를 위해 게임 개발팀에서 다음과 같은 자료를 요청할 수 있다.

> 지난 일주일 동안 게임에 접속한 총 유저가 수행한 퀘스트에 대해 퀘스트별 시도 횟수, 수행 시간, 완료율, 획득한 재화량과 소비한 재화량을 집계한 후 항목별로 상위 10개를 추출해주세요.

로그 데이터에는 이런 자료를 추출하는 데 필요한 정보들이 모두 있지만 여기저기 파편화되어 기록된다. 따라서 여러 로그에 흩어져 있는 정보들을 적절히 가공하고 취합하여 필요한 자료로 집계하는 기술이 필요하다. 이런 자료는 보통 필요한 시점에 요청을 받아 처리한다. 물론 이런 상황에 딱 맞아 떨어지는 정보를 애초에 시스템에서 생성해서 미리 적재해 놓으면 분석가 입장에서는 편할 것이다. 하지만 조금만 더

데이터 과학자의
일

깊이 생각해보면, 가능한 모든 (그리고 그중 대다수는 실제 사용될 가능성이 낮은) 상황에 대한 자료를 미리 집계해서 적재하는 일은 대단히 비효율적이다. 그렇다 보니 모든 상황에 대응할 수 있도록 로그를 파편화해서 남기고, 데이터 분석가는 필요에 따라 데이터를 가공하여 집계하는 것이다.

사실 분석가 대다수는 이런 종류의 업무에 가장 많은 시간을 소비한다. 그래서 데이터 분석가라고 하면 뭔가 고도의 통계 이론을 이용해 가설 검정을 하거나 머신러닝을 이용한 예측 분석을 할 것이라 기대하고 이 분야에 들어온 사람은 실제로 일을 해보니 단순 쿼리 머신이 된 것 같다며 실망하기도 한다. 하지만 어느 분야든 겉으로 보이는 화려한 결과물은 이처럼 지난한 작업이 뒷받침하는 경우가 많다. 마치 고고한 모습으로 호수 위에 떠 있는 백조도 사실 물밑에서는 진땀 나게 물갈퀴질을 하는 것과 비슷하다. 어찌 보면 이런 지루한 작업을 견디고 그 안에서 게임 기획자나 사업 운영자에게 중요한 통찰을 찾아 전달하는 것이 데이터 분석의 묘미가 아닐까 생각한다.

플레이어도 운영자도 원치 않는 긴급 점검

로그 분석의 활용 사례 셋째는 버그 및 장애 대응을 위한 분석이다. 기본적으로 신규 게임을 출시하거나 업데이트가 필요하면 사전에 품질보증quality assurance(QA) 과정을 거친다. 하지만 아무리 꼼꼼한 QA를 거친다 해도 모든 오류를 완벽하게 제거하기는 힘들다. 때문에 간혹 버그로 인해 게임 플레이에 문제가 생기거나 심지어는 서버에 장애가 발생하는 경우도 있다. 보통 게임 회사에서는 이런 문제를 해소하거나 완화하기 위해 잠시 서비스를 중단하고 점검한다. 온라인 게임에는 4대 명검이 있다는 농담이 있다. 정기 점검, 임시 점검, 연장 점검, 긴급 점검이 그것이다. 그만큼 게임에서 버그나 장애는 자주 있는 일이다.

버그를 사전에 차단하는 것이 가장 좋겠지만, 그게 불가능하다면 문제점을 최대한 조기에 발견하는 것이 중요하다. 이를 위해 플레이어의 활동 기록을 관측하여 이상한 점을 감지하는 분석 기술이 필요하다. 이런 목적의 데이터 분석을 이상치 탐지anomaly detection라고 부른다. 정상적인 상황에서는 발생할 수 없는 이상 현상을 탐지하는 분석 기법이다. 데이터의 종류나 이상 현상이라고 판단하는 기준이 무엇인지 등에 따라 구체적인 접근 방법은 다르지만, 대개 이상 탐지는 기존에 쌓인 데이터를 기반으로 정상적인 상황에 대해 기준을 정한 후 해당 기준을 벗어나는 데이터를 비정상이라고 판단하는 방식을 취한다.

온라인 게임에서 발생하는 버그의 유형은 무척 다양하지만, 그중에서 가장 심각한 버그는 소위 '아이템 복사'라고 부르는 유형이다. 말 그대로 게임 내에서 사용하는 아이템이 제한 없이 복사되는 현상을 말한다. 일반적으로 게임에서 가치 있는 아이템들은 습득하기 어렵다. 반대로 말하면 누구나 쉽게 얻을 수 있는 아이템은 가치가 그만큼 낮다고 볼 수 있다. 그리고 게임 플레이어에게 이런 희귀한 아이템을 획득하는 것은 게임에서 느낄 수 있는 큰 재미 중 하나다. (현실 세계에서든 게임 세계에서든 물건이나 아이템은 희귀해야 더 갖고 싶어지는 법이다.) 따라서 게임을 운영하는 입장에서는 아이템의 희귀 가치를 유지하는 것이 중요하다. 그렇지 않으면 기획했던 게임 밸런스가 무너져서 플레이어들이 게임에 흥미를 잃고 이탈할 수 있기 때문이다. 그런데 간혹 버그로 인해 특정 상황에서 아이템이 복사되는 현상이 생길 때가 있다. 대개 QA 과정에서 이런 오류를 검출하지만, 미처 고려하지 못한 기상천외한 방법으로도 문제가 발생한다.

예를 들어 오래전에 어느 온라인 게임에서는 아이템을 다른 사람에게 전달할 때 인터넷 선을 뽑았다 연결하는 것을 반복하면 아이템을 전달한 후에도 아이템이 그대로 남는 버그가 있었다. 만약 현실에서 네트워크 연결이 불안정한 상황에서 인터넷 뱅킹으로 다른 사람에게 계좌이체로 돈을 보낼 경우 계좌이체가 성공해도 내 계좌에 돈이 그대로 남아 있다면 어떻게 될까? 아마 알음알음 이 오류가 널리 퍼지게 되고, 이를 악용해서 서로 계좌이체를 통해 잔액을 불려나갈 것이다. 오랫동안 방치할 경우 세상에 돈이 넘쳐나게 되고 인플레이션으로 인해 경제 위기가 닥칠지도 모른다. 온라인 게임에서도 마찬가지다. 이런 버그를 장기간 방치하면 게임 자체를 더는 운영하기 어려운 상황에 빠질 수 있다.

이런 버그를 감지하기 위해 할 수 있는 가장 간단한 방법은 평균과 분산을 이용하는 것이다. 이를테면 일반적인 상황에서 생성되는 아이템 수량을 집계해서 하루의 아이템 생산량에 대한 평균과 분산을 구해놓는다. 그러고 어느 날 갑자기 아이템이 기존에 측정해놓은 평균과 분산보다 지나치게 많이 생산된다면 이상 현상이라고 판단하는 것이다.

물론 실제로는 이와 같이 문제가 간단하지 않다. 위에서 언급한 평균과 분산을 이용해서 이상치 탐지를 하려면 관측 대상이 평균을 중심으로 크게 벗어나지 않는 종 모양 분포여야 한다. 통계의 기초에서 배우는 정규 분포를 떠올리면 된다. 반면 게임 속 데이터의 빈도 분포를 측정해보면 아웃라이어가 빈번하게 발생하는 멱함수 분포인 경우가 많다. 게임 속 세상에는 굉장히 다양한 상황이 주어지고 게임 플레이어의 행동도 그만큼 예측하기 어렵기 때문에 애초에 평균적인 상황이란 것이 존재하기 어렵다. 이런 격차를 조금이라도 줄이려면 여러 가지 상황을 고려하여 각각의 경우에 대해 평균과 분산을 별도로 구해야 한다.[4] 그런데 이렇게 하면 개별 상황에 대해서 충분한 관측 데이터를 얻을 수 없어 이상 현상을 감지하는 정확도가 크게 떨어진다. 정리하자면 관측 데이터를 충분히 얻기 위해 개별 상황을 무시하면 정상 기준을 찾기가 어렵고, 반대로 다양한 상황을 고려해서 정상 기준을 찾고자 하면 기준을 정하기에 충분한 데이터를 확보하기가 어려운 것이다.

이로 인해 실제 이상치 탐지 시스템을 게임에 적용해보면, 버그가 발생한 상황이 아닌데 이상 상황을 감지했다고 잘못 판단하는 오탐false positive 비율이 대단히 높다. 그래서 이상 탐지 시스템을 도입한 초반에는 탐지 알람이 뜰 때마다 서비스 담당자가 매번 어떤 문제가 발생했는지 신경 써서 확인하다가 점점 알람에 둔감해지고 결국 알람이 발생해도 아무런 조치를 취하지 않게 되는 경우가 많다. 양치기 소년이 되는 것이다. 그러다 실제 늑대가 나타나더라도 아무런 조치를 취하지 않아 피해를 보면 그때 다시 이상치 탐지 시스템에 관심을 갖게 되지만, 이런 버그는 자주 발생하는 것이 아니기 때문에 결국 같은 상황이 반복된다.

사람들에게 널리 알려진 데이터 분석 기법 대부분이 얼핏 보기엔 대단히 멋있고 문제를 깔끔하게 해결해줄 수 있을 것 같지만 현실은 이렇게 녹록지 않다. 그러니 혹시라도 여러분이 즐기는 게임에서 버그가 발생하여 긴급 점검에 들어간다는 사과 공지를 보게 되면 오늘도 양치기 소년에게 시달렸을 담당자들에게 마음속으로나마 심심한 위로를 건네주시기 바란다.

돈을 추적하라!

마지막으로, 불법 행위를 탐지하기 위한 분석이 있다. 현실 세계와 비슷하게 게임 세계에서도 다양한 불법 행위가 발생한다. 해킹을 통해 다른 사람의 계정을 몰래 도용하거나 사기로 아이템을 훔치는 경우도 있고, 게임 플레이를 비정상적으로 할 수 있게 해주는 매크로나 핵 프로그램을 이용하는 경우도 빈번하다.[5] 이런 불법 행위를 탐지할 때도 데이터 분석이 활용된다. 게임 로그에는 캐릭터들의 활동 내역이 세밀하게 남기 때문에 행동 특징을 잘 관찰하면 이런 불법 행위를 하는 캐릭터와 그렇지 않은 캐릭터를 구분할 수 있다.

이를테면 매크로를 이용하는 캐릭터는 사용자가 세팅해 놓은 행동들을 반복적으로 수행한다. 따라서 이런 반복 활동이 비정상적으로 오랜 시간 동안 규칙적으로 이루어지면 매크로 사용이 의심된다. 일반적인 플레이어가 조작할 경우에는 도저히 할 수 없는 매우 빠른 움직임을 보이거나 과도하게 오차 없이 정확한 행동을 하는 것도 충분히 의심스러운 상황이다. 로그 데이터를 이용해서 이런 정보들을 수집하고 탐지 기준을 만드는 것이 데이터 분석가의 역할이다. 과거에는 탐지 기준을 찾는 것이 주로 해당 게임 콘텐츠를 잘 이해하는 도메인 전문가의 몫이었다. 하지만 최근에는 좀더 높은 탐지 성능과 효율화를 위해 머신러닝과 같은 자동화된 방법을 도입하는 추세다.[6]

그런데 대개 불법 행위자들은 추적을 피하기 위해 자신의 특징을 적극적으로 감추기 마련이다. 따라서 개체의 행동을 분식하는 방법만으로는 탐지하는 데 한계가 있다. 그래서 좀더 근본적인 의도를 분석하는 방법도 있다. 이와 관련해서 '돈을 추적하라Follow the money'라는 말이 있다. 원래는 정치인의 부정부패를 조사하기 위해 정치 자금의 흐름을 조사하는 것을 의미했지만, 범죄 조직이나 기업의 불법 행위를 찾아내기 위한 목적으로도 자주 인용된다. 돈을 목적으로 불법을 저지르는 사람이나 조직은 필연적으로 돈을 주고받게 되니 그 돈의 흐름을 추적하여 이상한 점이나 관련된 사람들을 찾겠다는 것이다.

이때 많이 사용하는 방법이 네트워크 분석이다. 네트워크 분석은 개체와 개체 간의 관계 구조가 갖는 특징을 분석하는 기법을 말하는데, 의학·생물학·물리학과 같은 과학 분야부터 페이스북이나 트위터 같은 SNS 서비스 사용자 분석까지 폭넓은 분야에서 사용한다. 이 방법을 이용하면 개체 단위 분석에서는 파악하기 힘든 특징을 개체 간의 상호 관계에서 나타나는 특징을 통해 찾아낼 수 있다. 특히 보험 사기나 주가 조작 같은 금융 범죄를 분석할 때 유용하게 사용되는데, 보통이런 범죄는 특정 사건만 봐서는 이상한 점을 찾기 어렵다. 이럴 때 네트워크 분석을 통해 관련 사건이나 연루자를 추적하면 특이한 패턴을 찾을 수 있다.

게임에서도 마찬가지다. 계정을 도용하거나 매크로를 이

용하는 주요 목적은 취득한 아이템이나 계정을 판매하는 것이다. 특히 온라인 게임에는 아이템이나 계정을 현금을 받고 판매하기 위한 목적으로 수백 개 이상의 불법 매크로 캐릭터를 관리하는 조직들도 있다. 이들은 마치 현실 세계의 범죄 조직처럼 대단히 체계적으로 분업화된 구조를 갖고 있기 때문에, 이런 대규모 작업장을 탐지할 때는 캐릭터 간에 주고받는 게임 내 재화의 흐름을 추적하는 방법을 사용한다. 필자도 이런 대규모 매크로 캐릭터들을 탐지할 때 네트워크 분석을 자주 활용하고 있으며, 몇 년 전 불법 게임 캐릭터들의 자금 흐름 네트워크의 특징을 분석한 논문을 발표한 적도 있다.[7]

하지만 이런 노력에도 불구하고 불법 행위는 쉽게 근절되지 않고 있다. 관련 업무를 하는 데이터 분석가로서 안타깝기도 하고, 제대로 밥값을 못하는 것 같아 민망하기도 하다. 영화 〈부당거래〉에서 형사 최철기(황정민 역)와 조직폭력배 보스 장석구(유해진 역)가 주고받는 대사가 떠오른다. "니네같이 법 안 지키고 사는 새끼들이 더 잘 먹고 잘살아." "당연한 것 아닙니까? 우린 목숨 걸고 하잖아! 무조건 잘해야지!"

이처럼 불법 행위를 하는 사람들이 더 열심히 목숨 걸고 일하는 건 그만큼 성공했을 때 얻는 이득이 크기 때문이 아닌가 싶다. 실제 매크로 프로그램을 개발·판매하거나 해당 프로그램을 구매해서 전문적으로 운영하는 사람들의 커뮤니티는 대단히 발달해 있다. 네이버나 다음 카페 혹은 카톡방을 통해 서로의 노하우를 주고받기도 하고, 게임 회사에서 매크로 계정들을 탐지해서 제재하면 어떤 특징을 가진 계정들이 제재당했는지 공유하여 탐지를 우회하는 방법을 논의하기도 한다. 심지어 필자가 모니터링한 어느 비공개 사이트에서는 대규모 매크로 프로그램을 효과적으로 관리하고 운영하는 방법을 교육 동영상으로 만들어놓은 경우도 있었다. 이렇게 집단 지성을 발휘하는 사람들을 대상으로 제한된 인원으로 대응하는 것은 결코 쉽지 않은 일이다. 그럼에도 현실에서 범죄 수사 기술이나 CCTV 등의 감시 체계가 발달했듯이, 게임 분야에서도 로그 데이터가 점점 정교해지고 데이터 분석 기술이 지속적으로 발전하고 있기 때문에 상황은 점차 나아질 것이라 믿는다.

게임 데이터를 현실 분석에 활용할 수 있을까

지금까지 실제 게임 분야에서 데이터 분석이 어떻게 이용되는지 살펴보았다. 이외에도 필자가 예전부터 관심을 갖고 조금씩 진행하는 활동이 있다. 그것은 게임에 대한 사회과학적 접근이다. 게임은 현실과는 다르면서도 유사한 또 하나의 세계가 펼쳐진다는 특징이 있다. 특히 MMORPG라는 장르는 게임 속 가상 세계에서 할 수 있는 활동 범위가 대단히 넓고 현실 세계와 흡사한 점이 많다. 가상 세계에서 플레이어들은 사냥, 채집, 제작 등의 생산 활동을 하고, 이렇게 얻은 물품들을 서로 거래하면서 경제 활동을 한다. 다양한 퀘스트를 수행하면서 성장하고, 그 과정에서 플레이어들끼리 협력하거나 경쟁하는 등의 상호 작용도 이루어진다. 서로 조직을 결성하거나 동맹 혹은 적대 관계를 맺는 등 외교 활동 역시 가능하다. 따라서 게임 속 데이터를 분석하는 것은 사람들의 다양한 행태를 세밀하게 관찰하는 효과가 있다. 특히 게임 데이터가 흥미로운 것은 현실 세계에서 직접 관측하기 힘든 사건도 쉽게 접할 수 있다는 점이다.

실제로 게임 세계에서 벌어진 사건을 연구한 사례는 많이 있다. 예를 들어 '월드오브워크래프트'라는 게임에서 발생한 '오염된 피 사건'을 팬데믹 사태에서 전염병이 어떻게 전파되는지, 그리고 사람들이 이런 상황에서 어떻게 행동하는지 파악하려는 목적으로 연구한 사례가 있다.[8] '아키에이지'라는 게임에서는 베타 서비스가 종료되는 과정에서 게임 로그 데이터를 이용하여 인류 멸망 상황에서 사람들이 어떻게 행동할지에 대한 시나리오를 분석한 연구가 있다.[9] 앞서 소개한 불법 캐릭터들의 자금 흐름을 마약 조직과 비교한 연구[10]나 이런 불법 자금이 현실 경제에 미치는 영향을 연구한 사례[11]도 있다. 마지막으로 '리니지2'의 '바츠 해방 전쟁'은 가상 세계 속에서 독재 정권에 대한 민중 봉기가 성공한 상징적인 사건으로 많이 회자된다.[12]

이렇듯 게임 속 플레이어의 행태는 인간의 심리나 사회 메커니즘을 이해하는 데 좋은 단서가 될 수 있다. 효과적인 조직 관리에 대한 힌트를 게임 세계에서 잘나가는 길드의 특징을 분석함으로써 찾을 수 있지 않을까? 현실 세계에서 최저 임금을 높이거나 기초 소득을 제공했을 때 경제에 미치는 영향을 추정하기 위해 게임 세계에서 재화 획득량을 높였을 때 게임 경제가 어떻게 바뀌는지 분석하는 건 어떨까? 또는 게임 속에서 사람들이 아이템을 서로 거래할 때 어떻게 가격이 수렴하는지 분석하면 현실 세계에서 시장 가격이 형성되는 원리를 이해하는 데 도움이 될지도 모른다.

물론 게임은 현실과 다르다. 대신 현실에서는 확보하기 불가능한 수준의 세밀한 데이터를 분석할 수 있다. 사실 게임과 현실의 차이가 더 클지 아니면 현실 세계에서 관측할 수 있는 정보의 한계가 더 클지는 아무도 모른다. 다만 여기서 중요한 것은 이 둘이 갖는 한계가 다르기 때문에 서로를 보완할 수도 있다는 점이다. 바로 이 점이 사회과학 분야에서 게임 데이터에 관심을 가져야 할 큰 이유가 아닐까 싶다.

게임 분야에서는 플레이어의 행태를 세밀하게 기록한 데이터를 이용해서 여러 가지 분석이 진행되고 있다. 다른 어떤 분야보다 풍부한 데이터를 토대로 폭넓은 분석이 가능하며, 심지어 현실에서 관측하기 힘든 사건들까지 세밀하게 분석할 수 있다. 그래서 게임에는 단지 게임 플레이어뿐만 아니라 데이터 분석가의 마음까지 빠져들게 하는 매력이 있다.

5장

야구에서 출루율이 중요해진
데이터 과학적 이유

박 영 호

스포츠 마케팅학자이자 스포츠 소비자 및 경기력 데이터 분석가. 오하이오주립대학교에서 스포츠경영학으로 박사학위를 받았으며, 현재 미시간대학교 스포츠경영학과에서 양적 연구방법론, 스포츠 마케팅 분석 및 스포츠 경기력 분석에 대한 강의 및 연구를 하고 있다. 최근 머니볼과 같은 흥미로운 주제를 다룬 스포츠 경기력 분석 강의를 온라인 강의 플랫폼 코세라coursera에 론칭했다.

머니볼, 데이터 분석을 활용한 언더독 신화

한국에서 많은 사랑을 받은 영화 〈머니볼Moneyball〉은 실화를 바탕으로 한 동명의 소설이 원작으로, 미국 프로야구 메이저 리그 만년 하위 팀 오클랜드 어슬레틱스의 언더독 신화를 다룬 이야기다. 《머니볼》은 데이터 분석을 통해 비교적 짧은 시간에 이루어낸 오클랜드 어슬레틱스의 혁신적인 경기력 향상에 대한 '비밀'을 다룬다. 이 소설은 일부 팬들의 취미 정도로 여겨지던 스포츠 데이터 분석을 하나의 직군으로 자리매김하게 했을 정도로 이 분야에 새로운 이정표를 제시했다. 이 글에서는 흥미로운 《머니볼》 이야기를 중심으로 스포츠 분야의 데이터 분석에 대해 이야기해보고자 한다.

　모든 팀 스포츠가 그렇지만 야구는 특히 선수 수급에 막대한 재정을 쏟을 수 있는 팀에 절대적으로 유리한 스포츠다. 리그 내 최고의 성적을 내는 선수들은 가히 천문학적인 연봉을 받고, 뉴욕 양키스와 같은 부자 구단은 비싼 선수를 영입해 언제나 리그에서 경쟁 우위를 차지할 수 있기 때문이다. 이에 반해 자금난 때문에 선수 수급에 어려움을 겪는 오클랜드 어슬레틱스와 같은 팀은 리그에서 만년 하위권을 면하기 어렵다. 더구나 해마다 기하급수적으로 증가하는 선수들의 연봉은 팀 간의 재정 불균형 심화를 초래했고, 이로 인한 선수 수급의 빈익빈 부익부를 더욱 가속화했다.

　오클랜드 어슬레틱스의 단장 빌리 빈Billy Bean은 극단적인 재정 양극화로 인한 불공정한 게임에서 강팀과 경쟁할 무기로 경기력 데이터 분석을 선택한다. 그는 통계 분석을 통해 선수시장에서 몸값을 결정하는 경기력 지표에 존재할지 모르는 비효용에 주목했다. 요컨데 선수 몸값 설정의 기준이 되는 지표 중 통념의 사각지대에 있던 출루율과 같은 수치를 발견해 팀 운용에 적극 활용한 것이다.

　결과적으로 그의 데이터 분석 실험은 대성공이었다. 소위 머니볼 시대로 불리는 2000년부터 2003년까지 오클랜드 어슬레틱스는 4년 연속 플레이오프에 진출했고, 머니볼 야구의 정점이던 2003년 정규시즌 중에는 무려 20연승을 달성했다. 이는 양대 리그[1]를 통틀어 한 세기가 넘는 역사에서 초유의 대기록이었다. 이 시기의 오클랜드 어슬레틱스의 경이로운 경기력에 대한 비밀은 마이클 루이스Michael Lewis가 2003년에 출간한 소설《머니볼》을 통해 세상에 알려지게 된다. 이를 기점으로 메이저리그 팀은 대부분 데이터 분석가를 고용해 선수 운용에 통계 분석을 적극 도입하게 된다.

변화의 물결은 야구에만 국한되지 않았다. 야구와 비슷한 맥락에서 경기력 관련 데이터 수집이 가능한 농구나 축구 같은 타 종목에서도 데이터 기반 경기력 분석에 관심을 가지게 되었다. 현재는 정도의 차이만 존재할 뿐 대부분의 스포츠 팀은 데이터 분석가를 고용해 소위 '제2의 머니볼'을 기대하고 있다. 이러한 변화와 함께 스포츠 데이터 분석가에 대한 수요는 나날이 늘어나는 추세다. 물론 이전에도 스포츠 데이터 분석은 존재했지만, 실제 경기에서 데이터 기반 의사 결정이 도입되고, 그 결과 경쟁의 양상을 완전히 바꿀 정도의 파급력을 가져온 것은 오클랜드 어슬레틱스가 유일했다.

앞서 언급했듯 머니볼의 비밀에 가장 중요한 수치는 바로 '출루율'이었다.[2] 전통적으로 스카우터나 코치 혹은 단장의 선수 평가에 절대적 지표로 활용되던 타율이나 장타율은 타격 능력만을 고려한 수치다. 이에 비해 볼넷이나 사구 혹은 희생타는 선수 영입에 관여하는 의사 결정자들이 별로 관심을 갖지 않았다. 하지만 야구 경기의 승패에서 1루타와 볼넷이 창출하는 가치는 정확히 같다. 선수 평가에 반영된 편향은 노동시장에서 선수의 가치 측정에 비효용을 초래했다. 즉 출루율이 높은 선수들은 장타율이 높은 선수들보다 상대적으로 매우 낮은 연봉을 받았던 것이다. 빌리 빈과 그의 분석팀은 이 부분에 주목했고, 상대적으로 낮은 연봉에 출루율이 높은 선수들을 영입해 눈부신 경기력 향상을 성취하게 된다.

앞으로 이를 편의상 '머니볼 가설'이라 칭하고 두 단계의 데이터 분석 과정을 통해 머니볼 가설을 검정하겠다. 우선 첫 번째 단계에서 출루율과 장타율이 팀 성적에 미치는 상대적 영향력을 분석하겠다. 이어 두 번째 단계에서는 같은 변수들의 조합들이 선수 연봉에 어떻게 영향을 미치는지를 분석하겠다. 여기에 사용된 통계 방법론은 회귀분석이다. 첫 번째 회귀모형을 통해 간단히 설명하면, 각각의 회귀모형에 사용된 출루율과 장타율을 독립변수라고 하고, 이를 통해 설명 혹은 예측하고자 하는 팀 승률을 종속변수라고 한다. 회귀모형은 쉽게 말해 독립변수와 종속변수의 관계식을 일차함수의

데이터 과학자의
일

형태로 나타낸 것이라고 볼 수 있다. 즉 우리는 회귀분석을 통해 독립변수가 종속변수에 미치는 평균적인 영향력의 크기를 추정할 수 있다.

머니볼의 도래
: 출루율과 장타율의 기여도

첫 번째 분석에는 머니볼 가설의 핵심인 '출루율'이 승패에 차지하는 기여도를 장타율과 함께 비교한 회귀모형들이 제시되어 있다. 편의상 이 모형을 승률 회귀모형이라 칭하겠다. 두 번째 회귀모형에는 주요 경기력 수치를 선수 연봉 데이터와 함께 분석한 결과가 제시되어 있다. 편의상 이 모형을 연봉 회귀모형이라 칭하겠다. 결과적으로 우리는 두 단계의 분석 과정을 거쳐 경기력에 유의미한 영향을 미치는 출루율의 시장 가치가 머니볼 전후로 어떻게 달라졌는지를 확인할 수 있다. 만약 머니볼 가설이 맞다면 출루율의 가치가 소설《머니볼》이 출간된 2003년을 기점으로 확연히 커짐을 확인할 수 있을 것이다.[3]

우선 첫 번째 승률 회귀분석 결과 〈표 1〉에는 팀 성적에

<표 1> 승률 회귀모형

	1	2	3	4
출루율	3.30		2.12	2.03
출루 허용률	-3.31		-1.92	
장타율		1.76	.81	.09
장타 허용률		-1.97	-.99	
(절편)	.50	.59	.51	.50
N	150	150	150	150
R²	.83	.79	.89	.88

1. 표의 수치들은 회귀계수이다.
2. 모든 회귀계수는 통계적으로 유의미하며 표준오차는 제외되었다.
3. 절편은 모든 독립변수값이 0일 때 종속변수의 값을 의미한다.

대한 출루율과 장타율의 상대적 기여도를 분석한 네 가지 회귀모형이 요약되어있다. 분석에 사용된 데이터는 1999년부터 2003년까지 합산된 메이저리그의 경기 기록 데이터를 사용했다.[4] 표에서 볼 수 있듯 각 회귀모형에는 팀의 출루율/장타율과 함께 상대 팀의 출루율(출루 허용률)/장타율(장타 허용률)의 다양한 조합을 포함하여 모형의 설명력을 향상시켰다.

회귀분석에서 가장 중요한 것은 변수 사이에 존재하는 상관관계의 방향과 정도를 가리키는 회귀계수를 해석하는 것이다. 먼저 회귀계수의 방향은 독립변수의 증가에 따른 종속변

데이터 과학자의
일

수의 증감을 가리킨다. 요컨대 표에서 팀의 출루율과 장타율은 승률에 양의 관계를 가지는 반면 출루 허용률과 장타 허용률은 음의 관계를 가지는 것으로 확인된다. 회귀계수의 크기는 독립변수가 한 단위 변화함에 따라 종속변수의 단위가 변하는 정도를 추정한 것이다. 예를 들어 첫 번째 회귀모형에서 출루율의 회귀계수인 3.30을 해석하자면, '출루율이 1% 증가함에 따라 승률이 3.30% 증가한다'는 식으로 해석할 수 있다. 이를 바탕으로 각각의 회귀모형을 해석해보자.

첫 번째와 두 번째 모형은 팀의 출루율과 출루 허용률 그리고 장타율과 장타 허용률을 독립변수로 한 회귀모형이며, 세 번째 회귀모형은 앞선 네 독립변수들을 함께 포함한 회귀모형이다. 그리고 R^2 값은 각 회귀모형의 설명력을 요약한 수치로, 첫 번째 모형에서 독립변수로 들어간 출루율과 출루 허용률은 종속변수인 승률의 83%의 변량을 설명한다.[5] 같은 방식으로 두 번째 모형은 79%, 그리고 세 번째 모형은 89%의 변량을 설명한다. 각 회귀계수의 방향은 예상과 같으며, 우리가 주목해야 할 수치는 출루율과 장타율의 회귀계수 크기다.

우선 각 능력치의 절대값이 비슷하다는 것은 상호 대칭적 구조를 가지는 야구 경기의 특수성이 반영된 자연스러운 결과다. 주목할 점은 이들 모형에서 일관적으로 출루율의 회귀계수가 승률에 미치는 상대적 영향이 장타율의 3배 가까이 크다는 것이다. 네 번째 회귀모형은 머니볼 가설을 직접적으로 검정하는 모형으로서, 출루율이 가지는 영향력이 장타율이 가지는 영향력보다 큰지를 확인하는 모형이다. 즉 앞선 세 가지 승률 회귀모형들에서 일관되게 관찰된 출루율의 더 높은 회귀계수가 우연에 의해 관측된 것인지를 검정한 모형이다.[6] 결과적으로 출루율은 경기의 승패에 상당한 영향을 미치고, 장타율보다 평균 영향력이 유의하게 더 높음을 확인할 수 있다.

'돈'은 '공'을 따라가는가
: 선수 가치 평가의 편향

승률 회귀분석 결과가 주는 의미는 자명하다. 승리하고 싶은 팀은 선수를 선발할 때 장타율보다 출루율을 더 중요하게 생각해야 한다는 것이다. 능력치에 따른 선수 가치가 노동시장에 제대로 반영되었다면 출루율이 높은 타자의 연봉이 장타율이 높은 타자의 연봉보다 높아야 한다. 눈치 빠른 독자라면 이 가설을 검증하기 위한 회귀모형이 쉽게 그려질 것이다. 승률 회귀모형에서 종속변수를 연봉으로 바꾸는 것이다. 승

<表 2> 연봉 회귀모형

	모든 시즌	2000~2003	2000	2001	2002	2003	2004
출루율	1.48*	.80	2.18	.13	.60	1.89	4.35*
장타율	2.39*	2.49*	2.55*	3.22*	2.31*	1.94*	2.17*
타석수	.003*	.003*	.003*	.003*	.003*	.003*	.003*
협상력	1.21*	1.26*	1.30*	1.11*	1.29*	1.28*	1.04*
자유계약 선수	1.81*	1.87*	1.91*	1.79*	1.94*	1.81*	1.56*
투수	.11*	.13*	.03	.16	.08	.28*	.07
내야수	-.05	-.03	-.02	.09	-.07	-.07	-.10
(절편)	10.11	10.22	9.90	10.11	10.31	10.06	9.53
N	1741	1398	345	359	348	346	343
R^2	.66	.68	.70	.73	.66	.65	.60

1. *는 통계적으로 유의한 수치임을 뜻한다.

률 회귀모형과 달리 연봉 회귀모형에는 몇몇 추가된 변수들이 있지만 핵심은 같다.[7] 이 가설을 검정한 연봉 회귀모형 분석 결과가 <표 2>에 요약되어있다. 지금부터 두 번째 회귀모형을 차근차근 알아보자.

<표 2>에서 출루율과 장타율에 더해 연봉 회귀모형에 추가된 몇몇 변수들을 발견할 수 있다. 이 변수들은 종속변수인 연봉과 유의미한 상관관계를 가지는데, 출루율과 장타율의 연봉에 대한 회귀계수를 더 정확히 추정하기 위해 포함되었

다. 통계학에서는 이렇게 회귀모형에서 함께 입력해 통제된 변수들을 공변량이라고 한다. 그럼 공변량으로 추가된 변수들에 대해 알아보자. 타석수와 포지션(투수, 내야수)이 포함된 이유는 직관적이다. 타석에 들어선 빈도는 선수 능력의 꾸준함을 계량화한 수치이고 연봉과 유의미한 상관관계가 있다. 승패에 큰 영향을 주는 투수는 다른 포지션에 비해 상대적으로 많은 연봉을 받는다. 같은 맥락에서 외야수에 비해 더 좋은 수비력이 요구되는 내야수의 연봉이 더 높다. 하지만 협상력과 자유계약free agent(FA) 여부와 같은 변수들에 대해서는 메이저리그 선수 시장의 맥락을 이해할 필요가 있다. 여기서 언급될 조건들은 일반적 노동시장에 비추면 상당히 흥미롭다. 잠깐 옆길로 벗어나 이 부분을 다뤄보자.

메이저리그 선수 시장에는 신인 지명 제도(드래프트draft)가 있다. 매년 신인 드래프트에 참여하는 조건을 충족한 아마추어 선수들은 각 팀이 가진 지명권 순서에 따라 순차적으로 선택되기를 기다린다. 전년도 성적과 같은 몇몇 고려 요소에 따라 각 팀에 순차적으로 부여되는 지명권은 팀에게 선수에 대한 독점 구매의 지위를 부여한다. 또한 빅리그 입성을 위해 자발적으로 드래프트에 참여한 선수에게 지명 철회를 요구할 권리는 사실상 없다.

팀의 독점권은 비단 선수 지명에만 그치지 않는다. 신입 빅리거big-leaguer를 지명한 팀은 향후 2년간 영입된 선수의 연봉을 단체협약 기준에 따라 최소한으로 제한할 수 있다. 즉 신입 선수는 소위 빅리거가 되는 영광을 위해 자신이 뛸 팀과 연봉을 협상할 권리를 사용자인 메이저리그 측에 완전히 이양하는 것이다. 그럼 2년 후엔 어떻게 될까? 선수에게 주어지는 건 연봉 협상에 관한 권리일 뿐 이적권은 그로부터 4년 후에 얻는다. 신입으로 지명된 선수는 한 팀에서 최소 6년을 봉사한 뒤 비로소 자유계약선수가 되어 자신의 시장 가치를 제대로 평가받을 기회를 얻게 되는 것이다. 선수 입장에서 다소 착취적으로 여겨질 수 있는 조항들이 시장의 천국 미국에 존재한다는 사실이 모순적이지만 이는 노사 양측의 단체교섭에 의해 합의된 엄연한 협약이다. 따라서 이러한 노동 조건은 연봉을 결정하는 데 유의미한 변수이므로 회귀모형에서 통제해주는 것이 적절하다.

이제 연봉 회귀모형으로 돌아가보자. 회귀모형에 사용된 연봉은 로그 변환이 된 수치이다. 연봉과 같은 수치는 소수의 천문학적 연봉을 받는 선수들 때문에 전체 선수 간의 편차가 너무 커서 회귀계수의 추정에 편향이 발생할 수 있다. 이 경우 로그 변환을 해주면 정규성 문제를 해결할 수 있다. 물론 결과 해석의 직관성이 다소 떨어지지만 우리의 관심사는 출루율과 장타율의 회귀계수 비교이기 때문에 엄밀하게 다루진 않겠다. 〈표 2〉의 첫 번째 열은 모든 시즌을 합산한 회귀모형이다. 예상대로 출루율과 장타율은 유의미한 영향을 미치지만, 승률 회귀모형과 달리 장타율이 출루율보다 연봉에 더 큰 영향을 미친다는 것을 알 수 있다. 두 번째 열에는 소위 머니볼 이전 시대(2000~2003)의 선수 능력치에 대한 시장 평가가 주어져 있다. 흥미로운 것은 장타율의 가치는 이전 모형과 거의 같은 반면 출루율은 회귀계수도 작을뿐더러 통계적으로도 유의미한 수치가 아니라는 것이다. 표의 나머지 열에는 각각의 시즌에 대해 같은 모형을 적합시킨 결과가 있고, 각각의 회귀계수를 비교해보면 출루율과 장타율의 상대적 시장 가치가 머니볼 전후로 변화한 추이를 확인할 수 있다.

가장 눈에 띄는 것은 출루율 회귀계수의 변화 추이다. 2000년부터 2003년까지의 출루율 회귀계수는 장타율에 비해 낮고 통계적으로도 유의미한 수치가 아니다. 하지만 놀라운 변화는 소설《머니볼》출간 직후인 2004년의 분석 결과인데, 이전과 비교했을 때 출루율의 중요도가 비약적으로 올라간 것은 물론 통계적으로도 유의미한 수치가 되었다. 게다가 이 시기 출루율의 회귀계수는 장타율의 두 배에 달한다. 요컨대 2003년 이전의 출루율의 시장 가치는 장타율에 비해 평가 절하되었지만, 머니볼 출간 이후 선수 시장에서 그 중요도는 비약적으로 증가했다.

우리는 두 단계의 회귀분석을 통해 선수의 경기력 평가에 존재하는 체계적 편향이 노동시장에서의 가치 평가에 비효용을 초래했음을 확인했다. 즉 머니볼 효과는 실제로 존재했음을 경기력 데이터 분석과 함께 알아보았다. 그런데 현시점에서 머니볼은 거의 20여 년 전의 이야기다. 그렇다면 지금은 출루율과 장타율의 기여도가 선수 가치에 어떻게 반영되고 있을까? 여전히 머니볼의 효과는 유효한가? 최신 데이터 분석을 통해 이를 알아보고, 머니볼 현상이 가져온 스포츠 데이터 분석의 전망과 한계를 이야기해보자.

지금도 머니볼은 유용한가

이번 분석에 사용한 데이터는 1994년부터 2015년까지 메이저리그 선수 개개인의 경기 기록이며, 이를 토대로 크게 세 시기로 나누어 연봉 회귀모형을 적합했다. 첫 번째는 머니볼 이전 시대(1994~1999), 두 번째는 머니볼 시대(2000~2007),

마지막은 머니볼 이후 시대(2008~2015)로 나누어 분석을 진행했다. 다시 한번 상기하자면 분석의 목표는 선수 시장에서 출루율과 장타율의 연봉에 대한 상대적 가치가 머니볼 시대 전후로 어떻게 변화했는지를 긴 시간의 분석틀에서 알아보는 것이다. 분석 결과를 다루기에 앞서 이전 연봉 회귀모형 대비 추가된 몇몇 세부 사항을 간단히 설명하겠다.

우선 데이터의 양이 충분히 크다는 점을 고려하여 선수 시장에서 자신의 능력을 시장 가치에 온전히 평가받을 자격을 갖춘 자유계약 선수들의 기록만을 사용하여 분석을 진행했다. 더불어 선수의 경험 또한 연봉 결정의 주요 변수가 될 수 있다는 점을 감안하여 선수의 연차와 지수 변환된 연차를 함께 회귀모형에 포함했다. 지수 변환[8]을 한 이유는 선수 간의 연봉 편차가 연차 대비 기하급수적으로 증가하는 점을 고려했기 때문이다. 포지션 또한 세분화하여 모형의 적합성을 향상시켰다. 적합된 회귀모형의 모든 통계 수치는 주에 수록했으며, 여기에는 주요 관심 변수인 출루율과 장타율이 머니볼 시기를 전후하여 연봉에 미치는 상대적 영향력이 어떻게 변화했는지를 보여주는 선도표와 함께 설명하겠다.[9]

우선 머니볼 이전 시기인 2000년대 이전에는 1997년을 제외한 나머지 시즌에서 장타율의 회귀계수가 출루율의 회

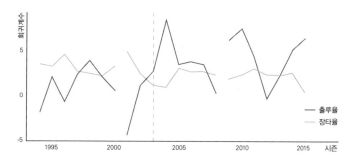

〈표 3〉 연봉 대비 출루율/장타율 회귀계수 변화 추이(1994~2015)

귀계수보다 일관적으로 높다. 이 추세는《머니볼》출간 직전인 2003년 전까지 지속되는데, 다시 한번 오클랜드 어슬레틱스가 활용한 전략이 유효했음을 확인할 수 있다. 출루율의 영향은《머니볼》출간 직후인 2004년에 수직 상승하지만, 그 후 다시 장타율과 비슷한 수준을 유지한다. 다만 머니볼 이전과 비교했을 때 선수 연봉에 미치는 영향력은 평균적으로 더 높음을 확인할 수 있다. 통계적 유의성에 대해 알아보자면, 출루율은 머니볼 이전의 10시즌 중 오직 3시즌만 통계적으로 유의했지만 머니볼 이후에는 12시즌 중 총 9시즌 동안 통계적으로 유의하게 나타났다.[10]

앞선 연봉 회귀모형 분석의 시간 프레임을 확장하여 더 거시적인 관점에서 머니볼 효과를 검정해보았고 전반적으로 기존의 결과를 지지했다. 즉 선수(특히 자유계약 선수)의 가치 평가에 있어 출루율의 시장 가치는 머니볼 전후로 유의미하게 달라졌다고 볼 수 있다. 이제 분석을 마무리하기에 앞서 일련의 데이터 분석 과정을 통해 머니볼 가설 검정에 사용된 회귀모형들의 한계점을 언급하겠다.

먼저 연도별 회귀모형에서 확인되듯 출루율의 시장 가치는 머니볼 출간 직후인 2004년에 비약적으로 올라간 반면 이듬해에는 장타율과 비슷한 수준으로 다시 떨어졌다. 그렇다면 2004년의 높은 수치는 혹시 기이한 우연이나 일시적 유행이었을 가능성은 없을까? 또한 분석이 이루어진 기간 동안메이저리그의 타격 패러다임을 바꾼 중요한 사건이 분석에서 제외되었다. 메이저리그에 관심 있는 독자라면 알겠지만 2000년대 초반은 소위 '스테로이드 시대'라고 알려져 있다.[11]

이 시기의 메이저리그 타자들은 공공연하게 근육량을 비약적으로 증가시키는 약물을 사용했고, 우리에게도 친숙한 배리 본즈나 새미 소사 같은 슬러거들의 홈런 기록이 약물에 의한 것임이 드러났다. 즉 약물 남용에 의한 타고투저의 경향이 타격력에 대한 시장 평가에 인플레를 초래했을 수 있다. 선수들의 타격 기록에 직접적인 영향을 미친 약물 남용은 2003년에 터진 발코BALCO 스캔들 재판 이후 철저한 검사와 제재가 이루어지면서 줄어들었다.[12] 물론 스테로이드 시대의 함의를 정량적으로 분석하기에는 한계가 따르지만 이 요소가 분석에 사용한 주요 변수들과 일정 부분 상호작용한다는 점을 부인하기는 힘들다.

위에 언급된 몇몇 요인들이 모형에서 제외되었음에도 여전히 이 글에서 다룬 분석은 머니볼 가설을 검정하기에 충분하다. 앞서 확인했듯 2004년 이후 출루율의 시장가치가 다시 떨어졌지만 그 후 2015년까지 한 시즌을 제외하고는 장타율보다 시장가치가 일관적으로 높기 때문이다. 현상을 완벽하게 설명하는 통계모형은 존재하지 않는다. 또한 이는 통계학의 목적에도 부합하지 않는다. "모든 모형은 틀렸다. 하지만 어떤 것은 유용하다All models are wrong, but some are useful."[13] 통계학을 진지하게 공부한 독자라면 아마 한 번은 들어봤을 유명한 인용구다. 이 인용구의 핵심은 이렇다. 유용한 모형이란 복잡한 사회 현상을 이해하는 최대한 간결한 틀을 제공한다는 말이다. 불필요한 디테일은 무시하되 관심 현상을 특정 맥락에서 의미 있게 이해할 수 있다면 설령 '틀린' 모형일지라도 충분히 '유용'하다는 것이다. 우리는 충분한 객관적인 데이터와 엄밀한 모형 설계를 통해 머니볼 가설을 다차원적으로 검정했다. 즉 머니볼 효과는 실재했다고 결론 내릴 수 있다.

빅데이터 시대를 맞이하여 스포츠 분야에서도 광범위하고 다양한 데이터 관측 및 수집이 가능해졌다. 특히 고도로 전문화된 GPS 기반 모션 트래킹motion tracking 기술은 경기 중 선수들의 거의 모든 움직임 관련 자료를 데이터로 만들 수 있다. 예컨대 잉글랜드 프리미어 리그에서는 향상된 웨어러블 기술wearable technique을 실시간 데이터 처리 시스템과 결합해 경기 중 선수 개개인의 모든 동작을 자동으로 기록하여 전산화했고, 그 덕에 경기의 매 순간을 데이터로 재구현할 수 있는 수준에 이르렀다. 하지만 이 같은 데이터 처리 관련 기술의 발전에도 불구하고 야구를 제외한 타 종목에서는 아직 '제2의 머니볼'이라 부를 만큼 혁신적 경기력 향상을 이루지는 못했다. 왜 그럴까?

야구를 제외한 종목에서는 엄밀하게 확률적으로 구성할 수 있는 '사건event'의 관찰이 드물다. 야구는 경기 내에서 일어나는 특정 상황을 이산적으로 구성하기 쉬운 편이지만, 다른 종목은 이러한 접근이 상대적으로 어렵기 때문이다. 예컨대 타자의 기대 득점 확률을 계산한다고 해보자. 우리는 타자가 타석에 들어섰을 때의 상황, 즉 타석의 경우의 수를 이산적 사건으로 재구성할 수 있다. 타자가 타석에 들어설 때 남은 아웃 카운트와 루상의 주자 수와 위치를 각각 고려하면 총 24개의 경우의 수가 나오는 것이다.[14] 게다가 각각의 상황에서 오직 타자와 투수만이 상호작용하며, 수비 측 선수들은 타격이 일어나지 않는 한 이에 관여하지 않는다. 그러므로 타격 결과에 따른 기대 득점의 구성을 하나의 독립된 사건으로 기록할 수 있다. 하지만 경기의 흐름이 연속적인 축구나 농구 같은 종목에서는 이러한 접근에 제약이 따른다.

통상 야구와 가장 대비된다는 축구를 예로 들어보자. 우선 축구는 반칙이나 골아웃 같은 상황을 제외하면 경기 흐름이 계속 이어지므로 패스나 도움 같은 특정 '사건'에 대한 기대 득점 확률을 시공간의 맥락에서 횡단적으로 재구성하기가 어렵다. 더구나 경쟁하는 팀의 선수들이 서로 의도나 목표를 견제·차단하기 위해 대립적 상호작용을 실시간으로 한다는 점, 그리고 승부를 결정짓는 득점이라는 사건이 상대적으로 매우 드물게 일어난다는 점 때문에 기대 득점의 확률을 독립적으로 추정하는 데 한계가 따른다. 요컨대 득점 대비 고려해야 할 관측 자료가 지나치게 많은 과잉 데이터 구조를 띠고 있다. 따라서 경기 내에서 하나의 독립된 사건으로 다룰 수 있는 프리킥, 코너킥, 페널티킥 같은 상황을 제외하면 통계적 분석을 통해 기대 득점에 대한 인과적 추정을 하기가 어렵다. 농구나 하키 같은 스포츠도 비슷한 맥락에서 경기력 데이터 분석에 제약이 따른다.

의미 있는 스포츠 데이터 분석이란 경기 중의 특정 움직임이 가져올 가능한 경우의 수 중에서 인과적으로 가장 설득력 있는 패턴을 규명하는 것이다. 좋은 분석에 큰 데이터는 필요조건이지만 충분조건은 아니다. 즉 많은 데이터가 반드시 좋은 분석 결과를 보장하지는 않는다는 것이다. 앞서 언급했듯 향상된 데이터 처리 관련 기술의 발전은 경기의 매 순간을 완벽하게 재구현할 수 있을 정도로 방대한 데이터를 제공한다. 하지만 한 경기를 완벽히 '재현'하는 것과 그 '과정'을 이해한다는 것은 다른 문제다. 스포츠 경기력 분석이 데이터 과학의 한 분과로 자리 잡기 위해서는 이 부분에 주목해야 한다. 현재 스포츠 분석이 당면한 문제는 복잡한 통계 모형을 검정하기 위한 데이터의 양이나 종류에 비해 이론적 배경이 약하다는 점이다.[15]

"Adapt or Die." '적응하지 못하면 죽는다'는 뜻의 이 대사는 영화 〈머니볼〉에서 빌리 빈이 데이터 기반 선수 선발에 반발하는 스카우터들과 대립할 때 자신의 관점을 관철시키려 한 말이다. 언더독 신화라는 영화적 서사 이면에 머니볼 효과

데이터 과학자의 일

가 갖은 함의는 궁극적으로 현대 데이터 과학이 지향하는 바와 같다. 그것은 방대한 데이터 사이에서 연관성 혹은 유의미한 패턴을 발견하고 이를 의사 결정에 반영하는 것이다. 데이터 기반 의사 결정의 가장 큰 도전은 직관이나 경험을 배반하는 분석 결과를 대하는 의사 결정자의 태도라고 할 수 있다.

익히 알려졌듯 머니볼의 핵심 가설들은 이미 1970년대 야구광이자 야구 분석의 선구자라 불리는 빌 제임스Bill James에 의해 제시된 해묵은 아이디어였다. 하지만 이 흥미로운 분석 결과가 경기에 반영되기까지는 무려 30여 년이 걸렸다. 스포츠는 다른 분야에 비해 상대적으로 객관적 데이터를 수집하기가 쉽다. 하지만 스포츠만큼 경험과 직관이 지배하는 분야 또한 드물다. 결국 이 치열한 경쟁에서 살아남기 위해서는 스포츠 경기력 데이터의 한계와 가능성을 이해하고, 의사 결정 과정에 이를 유연하게 적용하는 능력이 있는지가 관건일 것이다.

6장

데이터 과학으로
서비스를 보호하는 방법

노 인 우

데이터 과학자이자 보안 개발자. 한양대학교에서 컴퓨터 보안으로 석사학위를 받았다. 기업 및 연봉 정보 서비스 크레딧잡을 창업하였으며, 이후 데이터 과학의 관점에서 보안을 다루는 연구를 주로 수행했다. 지금은 포털사이트 웹툰 서비스의 보안 개발자로서 보안을 비롯한 다양한 분야에 데이터 과학을 접목하는 일을 하고 있다.

보안 도메인 데이터 과학자의 커리어

만약 여러분이 보안 도메인의 데이터 과학자라면 다른 영역의 데이터 과학자에게는 일반적으로 없는 특별한 것이 하나 있다. 그것은 바로 구체적인 악의를 가진 적이다. 여러분이 상대해야 하는 적은 다양할 수 있다. 악성 행위를 반복하는 사용자부터 악성코드를 심으려는 해커, 규약을 지키지 않고 서비스로부터 데이터를 수집하려는 크롤러 제작자에 이르기까지 다양하다. 여러분의 업무는 그 적을 분석하고 탐지하고 예측하여 더는 위협적이지 않은 상태를 가능한 한 길게 유지하는 것이다.

이 글에서는 데이터 과학자이기 전에 서비스를 보호한다는 분명한 목적을 가진 사람으로서 이 같은 적들을 상대하려면 무엇을 공부해야 하고, 어떤 준비가 필요한지 이야기하고자 한다. 물론 데이터 과학과 보안의 연관성에 대해서도 다룰 것이다. 마지막으로 악의적인 크롤러 방어와 관련된 구체적인 사례를 소개하며 앞에서 설명한 준비와 실무가 어떻게 적용되는지 함께 살펴보겠다.

보안 도메인의 데이터 과학자가 되기 위해서는 어떤 준비가 필요할까? 능력 측면에서 보면 다른 분야의 데이터 전문가와 마찬가지로 도메인 지식, 분석 능력, 개발 능력이 필요하다. 프로그래머에서 데이터 과학자로 커리어를 바꾸기도 하고, 통계학을 전공한 사람이 프로그래밍 스킬을 쌓아 데이터 과학자가 되기도 한다. 필자의 경우는 전자에 가까웠다.

필자는 학부 때부터 보안과 암호학에 관심이 있어서 대학원에서 소프트웨어 보안을 전공했다. 석사 과정을 통해 소프트웨어 보안과 관련된 내용을 넓고 얕게 경험할 수 있었는데, 구체적으로 몰두할 연구 주제를 정하지 못해 박사 과정에 진학하는 대신 현업에서 시스템 보안 엔지니어로 경력을 시작했다. 매일같이 시스템 로그를 분석하고 퇴근 후에는 통계학 책도 읽으며 공부했지만, 당시에는 데이터 과학에 관심이 없었다. 정확히는 데이터 과학자라는 직업이 있다는 것을 몰랐다. 아직 국내에서 '데이터 과학'이라는 용어가 크게 유행하기 전이기도 했다.

파이썬을 접하면서 빠르게 데이터를 핸들링하고, 이론적으로만 알고 있는 통계 기법을 직접 수집한 데이터에 적용하는 일에 매력을 느끼며 데이터 과학에 관심을 갖기 시작했다. 이후 데이터 스타트업을 창업하고, 크레딧잡이라는 기업 정보 제공 서비스를 만들며 데이터 과학과 관련된 방향으로 커리어를 확장했다. 창업한 회사를 퇴사할 무렵, 이제는 박사 과정을 시작해도 되겠다는 생각이 들었다. 경력을 통해 얻은 기술과 노하우를 이론적으로 보강하여 하나의 시각으로 녹여내고 싶었다. 대학원에 돌아가서 데이터 과학적 관점에서 보안을 다루는 연구와 공부를 시작했다. 지금은 회사와 작가, 나아가 독자의 권리를 지키기 위해 불법적인 사업 모델을 가진 범죄 집단(흔히 불펌 사이트라고 부른다)을 상대하는 일을 하고 있다.

물론 이것은 필자의 사례이기 때문에 보안 분야에서 데이터 과학자로 일하고자 하는 독자가 있다 하더라도 이 순서와 비슷한 경력을 쌓을 필요는 없다. 또한 시니어 수준으로 능력을 갖춘 이후에 커리어를 시작하는 것 또한 어려운 일이다.

필자도 매 시점에 최선이라고 생각한 선택을 했을 뿐, 현재 방향을 의도하고 십수 년의 수련 끝에 데이터 과학자가 된 것이 아니다. 다만 궁극적으로는 현업 개발자 수준의 컴퓨터 공학적 능력, 보안과 관련된 실무적인 감각, 데이터 과학적 기반 지식을 모두 갖춰나가는 것은 필요하다. 공격자들은 수단과 방법을 가리지 않고, 우리는 법의 테두리 내에서 맞서야 하기에 여러 면에서 더 많은 준비가 필요하다.

그렇다면 보안 분야의 데이터 과학자는 무슨 일을 할까? 데이터 과학자를 준비하는 학생 중에는 캐글(kaggle.com) 등 데이터를 다루는 사이트에서 보안 관련 사례를 접한 사람이 있을 것이다. 이미 서버 로그, 시스템 API 호출 데이터셋 같은 정보가 많이 공개되어 있다. 그러나 이와 같이 과거 사례를 분석하는 일과 현재 발생하는 피해에 대응하는 일은 성격이 다르다. 이는 데이터 과학자들이 소위 '실제 세계 데이터'를 다루는 일이나 시계열 분석에서 과거 데이터를 사용할 때의 문제는 아니다. 이런 고민이 없는 것은 아니지만 조금 나중의 문제다.

가장 중요한 부분은 문제를 정의하는 것이다. '무슨 일을 해야 하는가'부터 스스로 정해야 하는 경우가 많으며, 주제가 정해졌다고 하더라도 어떤 데이터를 우선적으로 확인해야 할지 정해진 경우도 거의 없다. 만약 있다면 그건 누군가가 그 과정을 대신 수행했기 때문이다. 이후 소개할 악성 크롤러 검출 사례는 비교적 단순한 편이었지만, 이 또한 메타 데이터를 활용하는 모델까지 고려하면 한없이 복잡해질 수 있다.

보안 분야의 데이터 과학자는 경우에 따라서 데이터 과학자의 영역을 넘어서 고민해야 한다. 어떤 보안 이슈에 대해서는 데이터 과학자의 영역과 엔지니어의 영역을 나누고 협업해야 한다. 이 부분에는 한 가지 가이드라인이 있는데, 만약 기술적으로 일어나서는 안 되는 일이 발생한 침해 이슈라면 엔지니어의 역할이 크다. 반면 기술적으로는 가능하지만 원칙상 해서는 안 되는 일이 벌어졌다면 데이터 과학자가 처리해야 할 영역인 경우가 많다. 물론 둘이 협업해야 하는 이슈도 많이 존재한다.

데이터 과학과 보안의 관계

아주 오래전부터 인간은 정보를 두고 갈등했다. 우리가 기원전 고대의 암호 사용을 통해 알 수 있는 것은, 누군가는 정보 접근을 제한하고자 했고 또 다른 누군가는 이를 분석하여 탈

취하려 했다는 사실이다. 보안과 데이터 과학은 이때부터 이미 깊은 연관이 있었다.

현대에도 보안과 데이터 과학의 관계는 여전히 깊다. 공격자 입장에서 데이터 과학은 방어자의 암호를 해독하고 소프트웨어에 내재된 취약점을 발견하는 공격 도구가 될 수 있다. 또는 사회공학적 해킹을 설계하고, 자신의 공격이 역추적될 위험을 평가하는 장치가 되기도 한다. 방어자 입장에서 데이터 과학은 악성 패턴을 탐지하거나 서비스의 통계적 특성을 외부에서 유추 가능한지 검토하는 데 활용된다. 수사기관과 같이 보다 적극적인 방어자의 경우에는 공격자를 프로파일링하여 추적하는 목적으로 데이터 과학을 활용할 수도 있다.

보안과 데이터 과학의 연관성을 보여주는 예로 고전 암호classical cipher와 현대 암호modern cipher의 차이를 들 수 있다. 고전 암호에는 통계적 특성을 제거하는 성격이 없어 대부분 쉽게 해독할 수 있다. 예를 들어 유명한 고대 암호인 카이사르 암호를 살펴보자. 카이사르 암호는 사람이 바로 읽을 수 없을 뿐, 암호문cipher text을 구성하는 각 알파벳이 등장하는 빈도에 차이가 있다.

만약 누군가가 만든 암호문을 해독해야 한다고 가정하자. 다행히 여러분은 상대에게 심어놓은 스파이를 통해 두 가지 정보를 미리 얻을 수 있었다. 평문plain text은 원래 영어였으며, 카이사르 암호를 통해 암호화encrypt했다는 사실이다. 이 정보를 통해 다음과 같이 빈도 분석frequency analysis을 수행하여 암호문을 공격할 수 있다. (1) 영어에서 가장 많이 등장하는 알파벳은 e다. (2) 따라서 암호문에서 가장 많이 등장한 알파벳은 e일 가능성이 높다.

만약 암호문에서 가장 많이 등장한 알파벳이 g라면, 암호문에 등장한 모든 g는 사실 e일 가능성이 높다고 추론할 수 있다. 이 추론이 옳다면 알파벳 순서에 따라 'e→f→g'로 2번씩 밀어서 암호화했기에 암호키는 2다. 이제 여러분이 손에 넣은 암호문을 -2만큼 밀어 복호화decrypt함으로써 평문을 얻을 수 있다. 카이사르 암호는 고전 암호 중에서도 고대 암호에 속하기 때문에 이와 같이 빈도 분석을 통해 대부분 손쉽게 해독할 수 있다.

반면 현대 암호의 경우에는 평문을 암호화하는 과정에서 모든 통계적 특성을 제거하는 구성이 반드시 포함된다. 고급 암호화표준Advanced Encryption Standard(AES) 같은 현대 암호를 상대로는 빈도 분석뿐 아니라 어떤 고급 분석 기법을 동원해도 아무런 정보를 찾을 수 없다. 만약 그런 방법을 찾아냈다면 여러분은 정보화 시대를 지탱하는 가장 단단한 고리를 끊을 수 있는 무기를 발견한 것이다!

보안과 데이터 과학의 연관성을 단적으로 보여주는 또 다른 예로 생일 공격birthday attack이 있다. 생일 공격은 확률적 결과에 기반한 암호해독 공격 방식인데, 생일 문제라는 개념에 바탕을 둔다. 생일의 경우의 수는 366개이며, 사람이 367명 이상 모이면 이 중에서 생일이 같은 쌍이 존재할 확률은 100%다. 그렇다면 생일이 같은 사람이 존재할 확률이 50%를 넘기 위해서는 몇 명이 모여야 할까? 생일 문제에 따르면 23명만 있으면 된다.

이와 같은 관점의 계산을 암호키에도 적용할 수 있다. 중복되는 암호키가 100% 발생하도록 하기 위해서는 암호키를 구성할 수 있는 경우의 수 전체에 공격을 시도해야 하지만, 50% 정도의 확률을 기대하면 그보다 훨씬 적은 시도로도 가능하다는 것이다. 방어자 입장에서는 수백 조가 넘는 경우의 수를 갖는 암호를 적용하더라도 그보다 훨씬 적은 시도에서 중복 값이 발생할 가능성을 감안해야 한다.

데이터 과학자의
일

암호 해독보다 이상치 탐지

지금까지 보안과 데이터 과학이 어떻게 연관되는지에 관해 다소 이론적인 예시를 소개했다. 그렇다면 보안 도메인의 데이터 과학자는 정말 암호를 해독하고, 중복되는 키 생성을 탐색할까? 물론 세상에는 암호 분석을 주된 업무로 하는 사람이 있다. 다만 설령 보안과 데이터 과학에 통달해 있다고 하더라도 그들을 '보안 분야의 데이터 과학자'라고 부르기는 다소 애매하다. 이들의 일은 '암호 분석가'라는 더 특화된 영역으로 보는 것이 맞을 것이다. 필자 또한 보안 분야에서 데이터 과학자로 일하면서 부분적으로 암호와 관련된 분석을 수행한 적이 있지만 손에 꼽을 정도다.

조금 더 실용적인 의미에서 보안과 데이터 과학의 연관 고리가 있다. 둘을 함께 이야기할 때 자주 등장하는 주제인 이상치 탐지다. 이상치 탐지는 데이터 내에서 이상치outlier를 검출하는 기법인데, 일반적인 데이터 분포에서 크게 벗어난 값을 검출하는 방식을 취하며 보안 이외의 분야에서도 널리 사용되는 기법이다. 보안에 응용된 초기 사례로는 침투 탐지 Intrusion Detection System(IDS)가 있으며, 그 이후로도 악성코드 탐지, 사기 탐지Fraud Detection System(FDS)를 비롯하여 다양한 목적으로 활용되고 있다.

주의할 점은 보안에서 이상치 탐지는 다른 분야에서의 이상치 탐지와 성격이 다른 부분이 있다는 것이다. 이해를 돕기 위해 대형마트의 보안 담당자를 생각해보자. 보안 담당자는 CCTV를 통해 마트 내 사람들의 행동을 지켜볼 것이다. 그러던 중 어떤 사람이 유달리 고개를 좌우로 많이 움직이는 것을 본다. 당장 경보를 울리고 그 사람을 붙잡아서 경찰에 넘겨야 할까? 그는 그저 어제 불편한 자세로 잠을 잤을 수도 있다. 또 다른 사람이 걷다가 갑자기 뛰기 시작한다. 어떤 사람은 마트 직원이 지나가는 걸 오래 쳐다본다. 혹은 물건을 들었다 다시 놓는 걸 반복하는 사람도 있다.

보안에서 이런 개별적인 행동의 이상치만으로 사람을 절도범으로 간주하는 것은 위험하다. 설령 앞서 언급한 모든 행동을 연속적으로 여러 번 하는 사람이 있다고 해도 다소 의심스럽기는 하지만 현행범으로 취급하기에는 부족하다. 그냥 특이한 사람일 가능성도 있기 때문이다. 농담이 아니라 보안 모델을 연구하다 보면 결백한 이상치에 해당하는 사용자들을 종종 보게 된다. 그리고 공격자는 이렇게 눈에 띄는 행동을 하지 않으려고 노력하기 때문에 오히려 단순한 관점에서 보면 대부분 이상치로 보이지 않는다.

데이터 과학자의
일

그렇다면 어떻게 이상치 탐지를 활용해서 보안을 강화할수 있을까? 서두로 돌아가서 우리가 악의를 가진 적을 상대해야 한다는 점을 상기하자. 상대는 악의적인 목적을 갖고 있으며, 그 목적을 달성하기 위해서는 반드시 거쳐야 하는 단계가 있다. 우리는 단순히 일반적인 형태에서 멀리 벗어난 이상치를 탐지하는 것이 아니라, 범인이 반드시 갖춰야 하거나 수행해야 하는 무언가를 정의하고, 그 행동을 기준으로 관심을 가질 이상치가 무엇이며 어떤 구간을 갖는지 정의해야 한다.

예를 들면 누군가 물건을 집을 때 항상 다른 한 명이 CCTV를 가리고 있다면 의심해볼 수 있다. 이상치 탐지가 항상 복잡한 모델을 갖춰야 하는 것은 아니다. 어떤 경우에는 핵심적인 데이터가 무엇인지 알아내는 것만으로도 문제가 해결될 때가 있다. 계산하지 않은 물건을 주머니에 넣는 행동 같은 것 말이다. 다른 분야에서도 그렇지만 보안에서는 정확한 데이터가 정교한 모델 이상으로 중요할 때가 많다. 이제부터 이에 대한 실제 사례를 소개하겠다.

악성 크롤러 탐지 사례

웹 서비스를 운영하다 보면 사람이 아닌 것이 서버에 접근하는 느낌을 받을 때가 있다. 보통 봇bot들은 robot.txt에 접근 금지를 명시하기만 해도 돌아가지만, 이를 무시하고 크롤링을 수행하는 경우도 있다. 이 중에는 학생들이 연습 삼아 만들었거나 학술 연구 목적으로 데이터를 수집하는 경우도 있지만, 다수의 콘텐츠 또는 서비스 자체를 복제하려고 악의적인 목적으로 접근하는 경우도 있다. 이번 절에서는 후자의 경우, 즉 악성 크롤러 사례와 대응 과정을 소개하고자 한다.

필자가 접한 악성 크롤러들은 수준에 따라 천진난만하게 IP 주소와 자신에 대한 정보를 다 드러내놓고 모든 리소스를 크롤링하는 경우에서부터, 정체를 감추기 위해 IP를 분산시키고 헤더를 조작하여 접근하는 경우, 그리고 그 이상으로 주도면밀하게 접근하는 경우까지 다양했다.

정보를 가져오는 데만 초점을 맞추느라 정체를 숨기지 않는 크롤러는 상대적으로 검출하기 쉽다. 단순히 단위 시간당 요청 횟수만 분석해도 쉽게 식별할 수 있다. 예를 들어 '1분에 n번 이상의 요청을 보내는 IP가 있다면 자동으로 블록한다'라고 휴리스틱한 모델과 파이프라인을 구성하는 것만으로도 검출될 것이다. 이론적으로는 이렇게 쉽다. 그런데 실제로도 간단한 일인지 다음 사례를 보며 생각해보자. 보안을 위해 몇 가지 실제 사례를 섞고, 약간 각색했다.

몇 년 전 일이다. 연휴가 시작되는 날, 새벽 1시를 5분 앞두고 연락이 왔다. 누군가 크롤링으로 우리 서비스를 복제하고 있다는 내용이었다. 이전부터 크롤링 대응이 필요할 것이라고 예상하여 개발 일정까지 잡혀 있었지만, 생각보다 일찍 공격을 받은 것이다. 맥북을 펼치고 서버에 접속했을 때가 오전 1시 정각, 서버 로그에서 몇몇 IP 주소가 눈에 띄게 많은 요청을 보내는 것을 확인했다. 오탐을 막기 위해 접속 패턴을 다시 분석하고 차단을 수행하기까지 5분이 걸렸다. 곧 다른 IP로 다시 접속이 몰려들었다. 연휴가 끝나는 대로 개발하려고 종이 노트에 메모해둔 설계를 펼쳤다. 서버 환경을 고려할 때 몰려드는 IP 주소를 모두 저장하면서 요청 횟수를 메모리에 쌓을 수는 없었다. 대신 순간적인 트래픽 증가를 감지할 수 있도록 데이터 구조를 설계해둔 내용에 따라 개발을 시작했다.

우선 2가지 종류의 데이터 큐를 탑재한 파이프라인을 구현했다. 첫 번째 큐는 최근 접속한 IP를 메모리에 저장하는 큐다. 파이프라인은 설정된 주기에 한 번씩 첫 번째 큐를 분석하여 식별된 크롤러 IP를 두 번째 큐에 저장한 다음, 첫 번째 큐의 내용을 모두 삭제한다. 이를 통해 한정된 메모리만 사용하고도 크롤러를 감지할 수 있었다. 서버 요청 처리 루틴은 요청이 들어온 IP가 두 번째 큐에 포함된 것일 경우 접근을 제한하도록 했다. 오전 1시 25분, 몇 가지 테스트를 마치고 배포를 완료했다. 커피를 내리며 상황을 주시했다. 복제 서비스는 더는 항목이 갱신되지 않은 채로 1시간가량 차단된 IP 리스트가 늘어나다가 멈췄다. 상황 종료였다.

그 일을 겪은 후로 한동안 크롤러 이슈는 없었지만 그래도 마음속에는 석연찮은 지점이 남았다. 만약 필자가 검사 파이프라인에 걸리지 않는 크롤러를 만든다면 어떨까? 충분히 우회할 방법을 생각해낼 수 있었다. 그것은 곧 다른 사람도 그렇게 할 수 있다는 의미다. 더 큰 문제는 필자가 공격자와 방어자 역할을 동시에 맡아 싸운다면 마지막에는 공격자가 이길 것이라는 확신이 들었다는 점이다.

방어자 입자에서 가장 난해한 것은 공격자가 다수의 IP를 동시에 사용하여 접근하는 것이었다. IP를 n개로 분산하면 하나의 IP 주소당 요청 빈도가 n분의 1이 되며, 충분히 큰 수의 n을 사용할 때 일반 사용자와 구분하기 어려워진다. 당시 나는 비로그인 환경에서 이에 대응할 방법이 없었다.

시간이 꽤 흘러서 더는 이런 고민을 자주 하지 않게 된 어느 날, 갑자기 대응 방법이 떠올랐다. 네트워크 트래픽의 성격을 이용한 방식이었다. 서비스를 운영해보면, 서비스 항목 중 대부분의 트래픽은 상위 10% 정도에 집중된다. 그리고 하위 60~80%의 항목은 사람들이 거의 관심을 갖지 않는다. 이런 분포를 파레토pareto 분포라고 한다. 이전까지는 필자가 운영했던 서비스들의 성격이 특이해서 이렇게 극단적인 분포를 보인다고 생각했다. 그런데 경험이 쌓일수록 이것이 일반적인 현상이라는 생각이 들었다. 논문을 검토하고 실제 사례 데이터를 분석하면서 시뮬레이션을 해봤다. 마침내 필자의 경험이 특수한 것이 아니라는 결론에 도달했다. 이를 바탕으로 사용자라면 흔히 찾지 않는 항목들을 이용하여 낮은 임계치를 갖는 모델을 구현할 수 있었다.

예를 들어 전체 항목에 대한 일일 평균 접근 횟수가 100이라면, 하위 80% 항목들에 대한 평균 접근 횟수는 1~2 정도였다. 접근 횟수를 통해서 이상치를 '평균 접근 횟수의 5배 이상'이라고 정의한다면, 전체 항목을 통해 정의되는 크롤러 분류 임계치는 500이지만, 하위 80% 항목만을 통해 정의되는 임계치는 5~10 정도로 확연히 낮았다. 실험을 통해 이 모델이 검출 성능뿐 아니라 오탐 방지 측면에서도 우수하다는 것을 알 수 있었다. 필자는 이 기법을 〈분산형 크롤러 검출 기법 Detection Method for Distributed Web-Crawlers: A Long-Tail Threshold Model〉이라는 논문[1]으로 발표했고, 현장에서도 많은 악성 크롤러를 검출하는 데 사용하고 있다.

끊임없는 사이버 범죄를 막는 지난한 일

지금까지 악성 크롤러 대응 사례를 통해 보안 분야 데이터 과학자의 업무를 소개했다. 다만 공격자의 유형과 성격, 방어자의 상황에 따라서 전혀 다른 업무가 존재함에도 한 가지 사례만 들어 편향된 인식을 주지 않을까 걱정된다. 멀리 갈 필요도 없이 현재 필자가 수행 중인 콘텐츠 보안 관련 분석 및 모델링 업무만 해도 다양하다. 또 대학원 재학 당시 수행한 연구 중에는 키보드 입력 속도로 현재 사용자가 로그인한 아이디가 본인이 맞는지 유추하는 것도 있을 만큼 같은 보안 도메인 내에서도 데이터 과학자가 수행하는 업무는 다양하다. 이 책을 통해 관심을 갖게 된 독자가 있다면 부디 더 다양한 방법을 통해 관련 내용을 접하길 바란다.

끊임없이 타인의 노력을 갈취하고, 범죄를 저지르려는 적들을 상대하다 보면 자신도 모르게 동기부여가 되곤 한다. 예전에 어떤 범죄자가 필자에게 '당신들이 나를 멈추더라도 나와 같은 일을 하는 이들 모두를 멈추지는 못할 것이다'라는 투의 글을 보낸 적이 있다. (애니메이션에나 나올 법한 대사가 실제로 화면에 떠 있는 것을 볼 수 있었다.) 유치하기는 하지만 유념할 만하다고 생각한다. 그래서 은퇴하는 그 순간까지 지치지 않을 생각이다.

7장

병원, 의학 정보를 다루는 데이터 센터가 되다

김 범 준

뇌졸중 환자의 진단과 치료에 주력하는 신경과 의사. 서
울대학교 의과대학에서 공부하고 서울대학교병원에서
신경과 전공의 과정을 수료했다. 뇌경색 환자의 진료 과
정에서 수집하는 임상 자료를 바탕으로 새로운 진단 방
법과 치료 전략을 고안하는 임상 연구를 하고 있다. 《자
마뉴롤로지JAMA Neurology》, 《스트로크Stroke》 등 주요 임
상의학 저널에 논문을 출간했다. 보다 많은 뇌졸중 환자
들이 효율적이고 효과적인 치료를 받을 수 있는 시스템
을 개발하고 수립하는 데 관심이 많다.

생의학적 연구에서 데이터 과학으로

전 세계 사람이 복용하는 약물 가운데 가장 많은 사람의 생명을 구한 것이라면, 단연 아스피린aspirin이 첫손에 꼽힌다. 아스피린은 19세기 말 이 약을 처음 합성한 독일 바이엘 사의 상품명이며, 그 화합물의 이름은 아세틸살리실산이다. 처음에 의사들은 열을 내리거나 통증을 경감시키기 위하여 아스피린을 주로 처방했다. 효과가 빠르게 나타나서 점차 전 세계적으로 사용되었다.

아스피린이 처음 합성된 후 50여 년이 지난 1950년, 미국에서 한 의사가 편도선 절제 수술을 하며 통증을 줄여주기 위해서 환자에게 아스피린이 포함된 껌을 씹게 했다. 그랬더니 수술 후 출혈이 멈추지 않아 위험한 고비를 맞아 환자가 큰 병원으로 이송된 일이 있었다. 이후 이 의사는 혈전 때문에 고생하는 환자들에게 아스피린을 처방했고, 처방 후 혈전증이 재발하지 않았다고 의학 잡지에 기고했다. 하지만 한 의사의 독자적인 경험이 곧바로 의학적 근거로 자리 잡을 수는 없었다. 임상 현장에서 관찰된 현상이 의학 지식이 되어 널리 퍼지기 위해서는 그 현상이 발생한 이유를 알아야 하며, 임상 시험을 통해 과학적인 사실로 인정받아야 하기 때문이다.

1971년 아스피린은 피를 굳게 하는 혈소판의 기능을 떨어뜨린다는 점이 발견되어, 그 작동 원리가 규명되었다. 1974년에는 아스피린이 심근 경색 예방 효과가 있다는 최초의 임상 시험 결과가 발표되었다. 이후 2000년대 초반에 이르기까지 동맥경화의 위험성이 높은 환자들이 저용량 아스피린을 꾸준히 복용하면 뇌경색 및 심근 경색을 예방할 수 있다는 임상시험 결과들이 여러 나라에서 발표되었다. 이러한 과정을 거쳐 아스피린은 전 세계에서 가장 많은 사람의 생명을 구한 약물로 자리를 잡게 되었다.

아스피린은 방향족 벤젠 고리에 카르복실기와 에스테르기가 결합한 형태를 갖고 있다. 상당히 복잡하게 들리지만 고등학교 화학 실험실에서도 살리실산과 아세트산을 혼합하고 중탕하여 결합한 후, 그 수용액을 결정화하여 거르는 과정을 통해 아스피린을 합성할 수 있다. 아스피린을 복용한 실험 동물의 혈액을 추출하고 혈액 점성을 측정하여 그 효능을 확인할 수도 있다. 이러한 과정을 통해 아스피린 복용량과 혈액 응고 정도 사이의 관계를 측정하고, 적절한 복용량을 가늠할 수도 있다.

전통적인 맥락에서 의학 연구는 이처럼 생물 및 화학 지식을 바탕으로 발전했다. 화학 실험실에서 합성한 약물의 작동 방식을 세포 혹은 동물 실험을 통해 알아내기도 했고, 사람의 질병을 동물에서 재현한 후 그 원인을 탐구하는 여러 분석을 시도하기도 했다. 이러한 방식의 의학 연구를 생의학적 관점이라고 부른다. 이는 생물종 사이에 차이가 다소 있더라도 생명 현상은 비교적 일관된 방식을 통해 나타나므로, 의학 연구 역시 생물학적 원리에 기반할 수 있다는 관점을 의미한다. 지금도 수많은 사람의 생명을 구할 수 있는 약물이 실험실에서 합성되어 임상시험을 기다리고 있다. 코로나-19 백신 역시 전령 RNA messenger RNA(mRNA)가 체내에서 단백질로 합성되어 면역 보호 반응을 일으킬 수 있다는 생물학 지식을 바탕으로 개발되었다.

하지만 20세기 후반부터 임상 현장에서 획득한 데이터를 연구 재료로 하여 질병의 발생 원인, 발현 증상, 환자의 장단기적인 예후 및 자연 경과, 치료 약물 혹은 기구의 유효성, 치료 전략의 경제성 등을 분석하는 연구가 활발하게 진행되기 시작했다. 이러한 흐름은 앞서 언급한 생의학적 관점이 복잡한 생명 현상을 기계적인 결정론에 의존하여 설명하려고 한다는 반성에서 시작되었다. 아스피린을 복용하면 심근 경색이나 허혈성 뇌졸중을 예방할 수 있다는 의학적 사실이 알려졌고, 아스피린이 그러한 예방 효과를 보이는 원리 역시 알고 있다. 하지만 동맥 경화의 위험성이 높은 사람 중 어떤 사람은 아스피린을 복용하지 않으려 한다. 그리고 아스피린을 복용하기에 앞서 신체 활동을 더 활발히 하고 흡연을 중단하는 등 건강한 생활 습관을 유지해야 하는데, 그러한 권고를 따르지 않는 사람들도 있다. 생의학적 관점은 현실을 살아가는 사람들 사이에서 벌어지는 이러한 현상에 무력할 따름이다. 이처럼 우리가 생물학적으로 알게 된 지식을 사람들이 알고 이해하여 행동으로 옮기도록 도와주는 과정에서, 데이터 과학이 강력한 도구로 사용될 수 있다.

앞서 살펴본 것처럼 전통적인 임상 진료 및 임상 연구는 생물학과 화학의 발전에 의지하는 부분이 크다. 하지만 데이터 과학이 발전하면서, 임상 진료 과정에서 생성되는 데이터가 그 자체로 임상 진료 및 연구의 재료가 되는 사례가 늘어나기 시작했다.

뇌졸중 환자의 대다수를 차지하는 뇌경색, 즉 허혈성 뇌졸중은 뇌에 혈액을 공급하는 혈관이 막히면서 발생한다. 혈관이 막힌 직후 곧바로 환자가 응급실에 오면 약물 혹은 시술을 통해 혈관 폐색을 열 수 있는 경우가 많다. 또한 뇌졸중 발생 초기에는 환자의 상태가 불안정하여 크게 나빠질 위험이 있다. 뇌졸중 발생 후 입원하는 이유는 대개 이와 같이 막힌 혈관을 여는 시술을 받거나, 초기에 악화되는 경우를 예방하는 치료를 받기 위함이다. 그리고 뇌경색 환자들은 발생 이후 어느 정도 재발의 위험에 노출되어 있다. 효과적인 약물이 많이 개발되어 활용되는 요즈음에도, 뇌경색 발생 후 약 5년 이내에 재발하는 경우가 10% 정도 된다고 보고 있다.

뇌에 혈액을 공급하는 혈관이 막히는 원인은 다양하다. 그 중에서 심방세동이라 불리는 심장 부정맥이 있는 경우 심장에서 만들어진 혈전이 뇌로 이동하여 혈관을 막는 경우가 비교적 흔한 편이다. 심방세동은 나이가 들면서 점점 증가하기 때문에, 고령의 환자에서 뇌경색의 가장 주요한 원인이라고 생각된다.

심방세동으로 인한 뇌경색 환자가 급히 응급실에 도착하여 치료를 잘 받아 회복했다면, 재발을 예방하기 위해 복용할 약물을 선택하는 것이 그다음 중요한 문제가 된다. 이때 복용하는 항혈전제는 항혈소판제와 항응고제로 나눌 수 있으며, 각각 여러 가지 약물이 포함된다. 약물마다 효능과 부작용이 서로 다르며 환자마다 뇌졸중 재발 위험성도 제각각이어서 개별 환자에 적합한 약물을 선택해야 한다.

이러한 결정을 도와주기 위해 영국 연구자들은 'CHADS$_2$ score'라는 간단한 점수 체계를 고안했다. 이는 울혈성 심부전, 고혈압 병력, 고령, 당뇨, 뇌졸중 병력 등 다섯 가지 지표로 구성되어 있으며, 뇌졸중 병력이 있으면 2점 그리고 나머지 네 가지 항목에 해당하면 1점을 더하게 된다. 점수가 높을수록 뇌경색 위험성이 높아지므로 CHADS$_2$ score가 높은 환자는 부작용 위험성을 감수하더라도 효능이 강한 약물을 선택하는 것이 합리적이다. 반대로 점수가 낮은 환자는 재발 위험성이 낮으니 재발 예방 효과보다는 부작용이 적은 약물을 선택하는 것이 바람직하다. 이 CHADS₂ score는 1990년대 영국에서 고안된 이래 전 세계에서 널리 사용하고 있다.

그런데 여기에서 의문이 든다. 다섯 개의 지표로 충분할까? 그리고 왜 다섯 가지만 골랐을까? 세부적으로 따져 보면 더 많은 의문이 든다. 이 지표에서는 고령을 만 75세 이상인 경우로 정의한다. 그렇다면 74세인 노인은 위험성이 낮고 75세 생일이 되자마자 바로 위험성이 크게 증가할까? 뇌졸중도 사실 다양한 뇌혈관 폐색을 뭉뚱그려 부르는 말인데, 개별적인 뇌졸중 하위 범주가 모두 동일한 위험성을 갖는 것일까?

이러한 질문에 답하기 위해 많은 연구가 진행되었다. 심방세동에 의한 뇌경색의 재발 위험성을 높일 수 있는 여러 가지 요인이 이미 밝혀졌다. 그렇지만 개별 지표들을 모두 포괄하는 지표가 나오기는 어려웠다. CHADS₂ score의 가장 큰 미덕은 간단함이다. 수많은 정보가 한꺼번에 들이닥치는 진료 현장에서, 임상 의사가 짧은 시간 안에 순간적인 결정을 내리려면 외우기 쉽고 부르기 쉬워야 한다. 그래서 CHADS₂ score 이외에도 몇 가지 척도들이 제안되었지만, 많아 봐야 8개의 지표를 사용할 따름이었다.

그렇지만 데이터 과학의 힘을 빌리면 인간의 기억술mne-monic이 가진 한계를 넘어 보다 정교하고 정확한 예측을 할 수 있다. 뇌졸중 환자의 임상 진료 과정에서는 매우 많은 정보가 생성된다. 일반적으로 뇌졸중 환자가 병원에 도착하자마자 시행하는 혈액 검사를 통해서도 보통 10여 종의 서로 다른 정보를 동시에 확인할 수 있다. 뇌 MRI 등의 영상 검사를 하면 뇌경색의 위치와 크기를 알 수 있으며, 혈관의 상태 및 뇌경색 이전 뇌 노화 정도 또한 파악할 수 있다. 그리고 심방세동이 있는 환자에게는 심장의 기능과 형태를 평가하기 위해 심장 초음파를 하는데, 통상 초음파 검사를 통해 20여 개의 서로 다른 지표를 측정한다.

이러한 수많은 정보를 계산하여 개별 환자의 뇌경색 재발 위험성을 예측하는 것은 그렇게 어렵지 않다. 그렇지만 임상 의사가 이를 모두 확인하고 그 값을 계산식에 입력하는 것은 매우 번거로운 과정이다. 데이터 과학의 힘을 빌린 현대의 스마트 병원 시스템은 이러한 과정을 자동으로 수행할 수 있을 것이다. 환자 진료 과정에서 생성되는 모든 정보는 전자 의무기록의 형태로 저장되어 있다. 즉 임상 정보가 저장된 데이터베이스의 위치만 알고 있으면, 이를 추출하여 계산식에 입력하고 결과값을 표출하는 것을 컴퓨터가 자동으로 할 수 있다. 이를 통해 개별 환자에게 적합한 치료 약물을 선택할 수 있다.

현재 수많은 정보를 이용하여 더욱 정교한 계산식을 만드는 것은 얼마든지 가능하다. 하지만 이를 임상 진료 현장에 적용하기 위해 넘어야 할 산은 아직 많다. 하루에도 1만 명 이상의 환자가 진료를 받는 국내 대형 병원의 경우, 단순한 데이터 입력과 조회만으로도 서버의 처리 용량을 넘어서기가 일쑤다. 그리고 뇌 영상 등 3차원 자료나 심장 초음파 결과 등 4차원 자료를 원자료 그대로 이용하는 산식은 아직 그 이론적 타당성이 충분히 확인되지 않은 상황이다.

정부의 보건 정책을 도와주는 데이터 과학

임상의학 연구에서는 건강한 사람이나 환자에서 도출된 데이터를 분석하고 환자를 대상으로 약물 혹은 기구의 효능과 부작용을 검증하는 임상시험을 하게 된다. 따라서 임상의학 연구 과정에서 밝혀진 새로운 연구 결과는 즉각적으로 다른 환자의 생명을 구하고 더 빨리 회복할 수 있도록 도울 수 있다. 실험실에서 생명 현상의 근본적인 원리를 규명할 수 있다면, 임상의학 현장에서는 실용적인 측면에 더욱 초점을 맞추는 셈이다.

코로나-19 백신 개발 과정이 이러한 임상의학 연구의 매력을 극적으로 보여 주는 사례가 아닐까 한다. 전령 RNA가 처음 발견된 것은 1960년대 초로 이미 60년이 넘었다. 그리고 외부에서 전령 RNA를 조합하고 이를 생체 동물 모델에 주입하여 원하는 단백질을 체내에서 생산할 수 있다는 연구는 30여 년 전에 발표되었다. 근본적인 원리들이 밝혀진 이후, 전령 RNA의 안전성을 높이고 원하는 단백질이 정확하게 체내에서 만들어질 수 있도록 많은 기술 개발이 이루어지고 있었다. 하지만 새롭게 개발된 기술을 사람에게 적용하기까지 넘어야 할 수많은 난관이 있어서 그 속도가 빠르지 못했다. 이미 기술적으로는 상당히 성숙한 상황이지만, 사람을 대상으로 하는 임상시험에 나서는 것은 다른 문제였다. 과연 어떠한 질병을 해결하기 위해 어떠한 단백질을 생산해야 할지 결정할 필요가 있었다.

그러던 중 코로나-19가 전 세계적인 전염병 대유행 사태로 번지고, 이를 근본적으로 해결하기 위해서는 빠른 백신 개발과 전 세계적 접종이 그 유일한 해결 방안이라는 데 모두가 동의하게 되었다. 2020년 1월에 코로나-19를 일으키는 사스코로나바이러스-2의 유전자 정보가 공개되었고, 고작 한 달만에 전령 RNA를 이용한 백신이 개발되었다. 그사이에 임상시험 설계가 진행되었고, 3월에 초기 임상시험이 시작되었다.

이후 임상시험의 단계와 절차가 완료되고 11월에 새로 개발한 백신의 3차 임상시험이 완료되어 미국식품의약국(FDA)의 긴급 사용 승인이 내려졌다. 그리고 그 직후부터 미국에서는 사람에게 코로나-19 백신 접종이 시작되었다. 이렇게 빠른 임상 연구 절차는 인류 역사상 전례 없는 과정이었다. 이미 개발되어 성숙 단계에 이른 기술이 있었으며, 전 세계적인 전염병 대유행 사태에 각국의 정부 및 제약회사가 하나의 목표를 향해 마음을 모았기에, 그 속도가 현실화될 수 있었을 것이다.

백신을 개발했다고 모든 일이 끝난 것은 아니었다. 백신의 생산량을 늘리는 과정은 고도의 생화학과 화학공학 기술의 몫이지만, 백신을 먼저 맞을 사람을 결정하고 이를 알리며 백신 접종 과정에서 벌어지는 여러 가지 논란에 대응하는 과정 역시 백신 생산만큼 중요하다. 이는 임상의학 중 인구 집단을 대상으로 하여 질병의 발생과 전파 그리고 이에 대한 정책적 대응을 고민하는 분야인 임상역학이 담당하는 분야다.

백신이 개발된 이후 이상 반응에 대한 논란이 많았다. 하지만 전 세계의 책임 있는 정책 당국은 하나같이 이상 반응은 매우 경미하며 이의 위험성보다는 백신을 맞지 않아서 코로나-19에 걸리고 사망할 위험성이 훨씬 크다는 발표를 내놓고 있다. 이렇게 생화학과 화학공학 기술을 통해 개발한 백신의 효능을 검증하고 널리 보급하여 궁극적으로 코로나-19 팬데믹을 해결하는 과정에서, 임상역학자들은 데이터 과학을 활용하고 있다.

코로나-19의 국내 유입 시기부터 우리는 확진자 수, 연령, 지역 등에 대한 정보를 쉽게 접한다. 이는 정부 당국이 이를 계속 수집하고 공개하기 때문이다. 코로나-19 환자의 연령, 성별 및 기저 질환에 대한 데이터를 충분히 수집하면, 해당 국가에서 여러 정보에 기반하여 개인의 감염 위험성 및 감염 후 사망 위험성을 계산할 수 있다. 각국에서 감염 및 감염 후 사망 위험성이 가장 높은 집단을 결정할 수 있고, 이 집단에 우선적으로 백신 접종을 하도록 결정한다.

선진국의 경우 대개 인구 구조가 어느 정도 고령화되어 대부분 고령층이 인구의 10~20%에 달한다. 선진국의 경우 코로나-19 발생 초기부터 고령 감염자들의 사망률이 높다는 데이터가 축적되어 있었다. 그리고 이러한 국가에서는 방역을 위한 거리 두기가 가능하며 마스크를 구입하고 보급할 수 있는 경제적 여유가 있는 경우가 많다. 그래서 우리나라를 포함한 선진국의 경우 고령층부터 먼저 백신 접종을 하였으며, 감염 후 사망률이 상대적으로 낮은 연령층은 백신 접종 순위를 늦추었다. 하지만 캐나다의 노스웨스트 준주와 같이 인구 밀도가 매우 낮고 의료 자원이 부족한 곳에서는, 고령층과 함께 교통이 매우 불편한 곳에 거주하는 사람들을 백신 접종의 우선 순위로 지정했다. 코로나-19가 확산될 때 이들이 충분한 진단 및 치료를 받지 못할 가능성이 높다고 보았기 때문이다.

백신 접종 후 발생하는 이상 반응에 대한 정책 역시 같은 방식으로 데이터에 근거하여 결정한다. 백신을 접종하면서 접종자의 기본 정보를 수집할 수 있고, 백신 접종 후 발생하는 이상 반응 역시 자발적인 신고 및 병원 진료 과정을 통해 정부에서 분석할 수 있다. 한국에서 시행되는 모든 제도적 의료 행위는 모두 정부에서 관리하는 데이터베이스에 수집되고 있어서, 정부는 백신 접종 후 신고되는 이상 반응의 발생률을 백신 접종 이전 시기와 비교할 수 있다. 이러한 과정을 통해 이상 반응의 심각성과 발생률을 제시할 수 있다. 그리고 백신을 맞지 않은 사람들의 코로나-19 감염 후 사망률을 비교함으로써, 신고되는 이상 반응의 중증도 및 빈도를 감안할 때 백신을 맞는 것이 안전하다고 결정하게 된다.

데이터 과학을 임상 연구에 적용할 때 조심해야 하는 점도 많다. 통상적인 실험실 연구에 비해 임상의학 연구는 '사람을 연구 대상으로 한다'는 점에서, 상당히 매력적이지만 동시에 연구자를 속박하는 윤리적 제약이 강한 편이다.

임상 진료 및 연구 과정에서는 환자로부터 매우 많은 종류의 데이터가 생성된다. 각종 혈액 검사, 영상 검사, 투약 정보는 물론이고 환자의 현재 상태에 관해 의사가 남기는 기록 하나하나가 모두 데이터다. 이러한 데이터를 통해 환자의 현재 상태를 알 수 있으며, 향후 치료 계획을 세우거나 치료 약물 혹은 기구에 대한 반응을 예측할 수 있다. 임상 연구는 결국 이러한 데이터를 잘 가공하고 데이터 사이의 관련성을 분석하여, 다른 병원 그리고 다른 환자에게 적용할 수 있는 일반적인 지식을 얻는 과정이다. 따라서 임상 연구를 수행하는 과정에서 연구자는 환자로부터 얻을 수 있는 최대한의 정보를 활용하고자 하는 욕망을 갖게 된다. 연구 시작 단계에서는 연구 목적을 달성하기 위해 어떠한 정보가 추가로 필요하게 될지 알 수 없는 경우도 많으며, 보통 1년 이상 걸리는 임상 연구 진행 중 다른 연구자들이 새로운 결과를 보고하는 경우도 흔하다.

하지만 데이터가 쌓이면 쌓일수록 데이터를 통해 환자의 프라이버시가 침해될 가능성도 높아진다. 개별적인 정보 하나는 흩어져 있는 작은 단편에 불과하지만, 많은 데이터를 모으고 조합하면 결국 이 데이터가 유래된 개별 환자 혹은 연구 대상자를 식별하는 것이 가능해진다. 임상 연구 및 진료 과정에서 발생할 수 있는 이러한 문제점을 보완하기 위해 우리나라의 병원 및 임상 연구소에서는 이미 다양한 보안 설비를 갖추고 있다. 임상 자료를 다루는 서버를 외부 네트워크와 물리적으로 분리한 곳도 있고, 개별 컴퓨터에 임상 자료가 저장될 때에는 자동으로 암호화하고 이를 저장한 사람에 대한 정보가 수록되도록 하는 시스템을 갖춘 곳도 있다. 그리고 임상 자료 추출시에 법률에서 지정한 개인 정보들은 자동으로 제외하거나 익명화하는 시스템도 도입되어 있다.

개인 정보 및 해킹의 문제점을 강조하면서 임상 연구에 다양한 규제를 도입하려는 움직임도 있다. 그러나 규제가 강화될수록 더 많은 사람을 위한 임상 연구는 위축될 수밖에 없다. 따라서 개인 정보 보호와 임상 연구 활성화 사이에서 적절한 균형을 찾는 것이 중요하다.

임상 연구는 사람을 대상으로 하기에, 연구에 앞서 연구에 참여하는 사람들의 자발적인 의사를 확인하고, 충분한 설명에 근거하여 동의를 구하는 과정 또한 매우 중요하다. 임상 연구에 관한 윤리적 논의가 충분히 이루어지지 않은 과거에는 여러 가지 불행한 사건들이 있었다. 1930년대 미국에서는 매독을 치료하지 않는 경우 어떠한 경과를 거치는지를 연구하기 위해 경제적으로 낙후된 지역의 매독 환자들에게 검사를 하고 가짜 약을 지급한 일이 있었다. 이때 연구 대상자에게 연구 내용을 충분히 설명하지 않은 데다가, 이후 페니실린이라는 항생제가 매독 치료에 효과적이라는 점이 밝혀졌음에도 이를 알리지 않고 연구를 계속 진행하기까지 했다. 이는 터스키기Tuskegee 매독 실험이라는 이름으로 후에 알려졌으며, 전 세계의 의학계 및 임상 연구자들에게 큰 충격을 주었다. 이에 임상시험에서 연구 대상자를 보호하기 위한 윤리 원칙과 지침이 1978년에 제정되었고, 연구 환경 변화에 맞추어 이후에도 계속 개정되고 있다.

현재 각 병원에는 임상시험뿐만 아니라 사람에서 비롯한 데이터를 대상으로 하는 임상 연구 과정에서도 연구 대상자의 인권과 개인 정보를 보호하기 위해 여러 제도적 규제가 도입되었다. 사람을 대상으로 하는 모든 연구는 수행 전에 연구 윤리위원회에 연구 과정 그리고 수집할 데이터의 종류를 명

시한 연구 계획서를 제출하고, 위원회의 허가를 받은 후에 연구를 시작해야 한다. 만약 연구 과정이 사전에 승인받은 내용과 다르거나 허가 이전에 연구를 시작한 경우 그 위반의 경중을 따져 제재를 받는다. 모든 연구 대상자는 연구 참여 이전에 연구의 내용과 참여 과정에 대해 상세한 설명을 들을 권리가 있으며, 자발적으로 연구 참여 여부를 결정한다. 연구 참여에 동의하여 연구를 시작했다고 하더라도, 언제든지 동의를 철회하고 연구를 중단할 수 있다.

한편으로는 이 동의 과정 때문에 응급 검사 혹은 치료와 관련된 임상 연구가 제약을 받는다는 한계를 지적하는 목소리도 없지 않다. 그렇지만 윤리적인 임상 연구 과정과 엄격한 연구 대상자 보호를 통해 연구 참여자 및 환자의 신뢰를 얻을 수 있을 때 보다 과학적인 임상 연구가 가능하다는 주장이 폭넓은 지지를 받고 있다.

다른 분야의 데이터 과학과 마찬가지로 임상 연구에서도 데이터 분석의 완결성과 정합성이 중요하다. 이를 위해 데이터 분석에 사용되는 데이터에 오류가 없어야 하며, 합법적이고 윤리적인 방법으로 얻을 수 있는 데이터가 최대한 수집되어야 한다. 특히 최초 데이터를 수집한 원시 자료와 분석에 사용된 데이터를 비교하여 차이가 없어야 한다는 점이 중요하다. 또한 초기 데이터베이스에서 분석 대상이 되는 데이터 셋을 생성하는 과정 그리고 이후의 분석 과정에 이르기까지, 모든 과정은 컴퓨터 코드로 정리되어야 하며 이는 다른 사람이 알아볼 수 있고 검증할 수 있는 형태가 되어야 한다.

2000년대 초반 미국에서 암 생물학을 연구하는 한 젊은 학자가 큰 주목을 받기 시작했다. 이 학자는 암세포의 유전자 조성에 따라 항암제를 선택할 수 있다는 연구 결과를 계속 발표했다. 암세포는 대개 세포의 성장 및 분열 과정과 관련된 유전자의 돌연변이가 나타나는 경우가 많다. 그 외에 여러 가지 돌연변이가 함께 발생하면서 결국 정상 세포가 암 조직으로 탈바꿈하게 된다. 이 무렵 인간 유전자 전체를 해독하는 데 성공하면서, 유전자의 염기 서열과 돌연변이를 탐지하는 기술이 크게 발전했다. 그러면서 암 조직이 갖고 있는 특정한 돌연변이에 따라 항암제에 대한 반응이 다를 것이라는 예측이 제기되었다. 당시 사용하던 항암제는 대부분 암세포가 활발하게 분열한다는 특성을 이용하여, 세포가 분열하는 여러 과정에 개입하는 원리를 갖고 있었다. 따라서 암 조직 발생한 돌연변이를 파악하여 이 돌연변이가 유발한 세포 분열 과정에만 작용하는 약물을 정확하게 골라 사용하면, 치료의 효과는 극대화하면서 부작용은 최소화할 수 있을 것이다. 이러한

데이터 과학자의
일

연구를 통해 이 학자는 유명한 대학의 교수로 채용되고 상당한 연구비 지원을 받았다.

그런데 이후 이 연구자의 연구가 다른 실험실에서는 동일하게 재현되지 않는다는 소문이 돌기 시작했다. 과학 연구는 명망 있는 연구자가 논문을 하나 발표해서 이루어지는 것이 아니라, 새로운 사실을 다른 사람들이 재현하고 검증하고 토론하는 과정을 거친다. 하지만 연구가 재현되지 않는다는 것만으로 그 연구 성과를 부정할 수는 없다. 연구실마다 실험의 조건이 다른 경우도 흔하기 때문이다.

그러던 중 결정적인 제보가 이 젊은 연구자의 소속 대학에 접수된다. 이 연구자가 널리 공개된 데이터베이스를 이용해 연구 결과를 발표했는데, 이 결과는 분석 과정에서 데이터 조작을 잘못하여 나왔다는 제보였다. 올바른 방식으로 데이터 조작을 한 경우에는 그 결과가 재현되지 않았다. 더군다나 제보를 한 연구자들은 그 젊은 연구자가 의도적으로 데이터 조작을 잘못했을 가능성도 지적했다. 프로그램을 짤 때 다른 모든 곳에서는 정확하게 입력한 숫자를 한 곳에서만 잘못 사용했을 의혹 역시 함께 제보했다.

이에 대학 당국에서는 연구진실성위원회를 소집하고 그동안 이 연구자가 작성한 논문에 대한 검증 작업에 착수했다.

이전에 발표한 모든 논문들의 원자료와 함께, 이 결과를 도출하는 데 사용한 컴퓨터 코드 및 분석 과정을 제출하도록 명령했다. 그런데 이 연구자가 제출한 자료는 곳곳에서 중요한 데이터가 누락되어 있고, 대부분의 코드와 분석 과정은 남아 있지 않았다. 결국 대학 당국은 이 연구자가 발표한 연구가 조작되었을 개연성이 상당하며, 현재 제출된 데이터를 통해 그 결과를 재현할 수 없다고 결론을 내렸다. 그리하여 이 연구자가 그동안 발표한 논문 중 상당수는 철회되었다.

모든 데이터 분석 과정에서 완결성과 정합성은 중요하다. 사기업에서도 데이터 과학은 향후 사업 방향과 장기적인 기업의 존속을 결정하는 근거로 사용될 수 있다. 하물며 임상의학 연구 과정에서의 데이터 과학은 직접 환자에게 적용되어 생명을 좌우한다는 측면에서 그 중요성을 의심할 여지가 없다.

데이터 과학이 열어갈 의학 연구의 미래

과거에 의사들은 청진기를 목에 두르고 환자 앞에 앉아 손으로 종이에 증상을 기록하곤 했다. 필기체로 빠르게 흘려 쓴 쪽지가 의사의 상징이던 시절도 있었다. 하지만 이제는 어느 병원을 가도 진료실 안에는 컴퓨터 모니터와 키보드가 있다. 환자가 병원을 방문한 기록, 이전 진료의 검사 결과, 방금 촬영한 엑스레이 혹은 초음파 사진 그리고 처방한 약물에 이르기까지 모든 정보가 컴퓨터에 저장되고 생산된다.

이제까지 임상의학 연구는 종이에 기반한 데이터 수집의 범위를 벗어나지 못했다. 사전에 수집할 정보를 정하고, 나머지는 무시하곤 했다. 그렇지만 이제 모든 의무 기록이 서버에 저장되고 이를 수집하고 가공하여 분석할 수 있는 데이터 과학의 세계가 열리면서, 그전까지 수집할 수 없던 대규모 자료의 확보와 장기적인 연구가 가능하게 되었다. 물론 그 과정에서 모든 임상의학 연구자들은 환자의 개인 정보 보호, 연구의 윤리적 수행 그리고 데이터 분석의 정합성과 완결성에 대해 더 조심하고 주의를 기울여야 할 것이다.

데이터 과학의 발전과 함께, 이제 병원은 수많은 정보를 생산하고 다루는 데이터 센터가 되어가고 있다.

8장

사람을 더 똑똑하게 만드는
인공지능 교육

차현승

소프트웨어 개발자. KAIST 전기및전자공학과에서 학사
석사학위를 받았다. 반도체·디스플레이 업체에서 엔지니
어로 일하다 데이터 과학의 효용을 경험하며 흥미를 갖
게 되었다. 이후 데이터 엔지니어로 전향하여 교육 스타
트업에서 데이터를 활용해 사용자에게 더 나은 서비스를
제공하는 일을 했고, 지금은 국내 IT 기업에서 인공지능
개발자로 일하고 있다. 모두가 개인별로 최적화된 교육
을 받을 수 있게 하는 인공지능 튜터를 만드는 일에 관
심이 많다.

인공지능과 교육이 함께 꿈꾸는 미래

알파고AlphaGo가 등장하기 이전부터 데이터 과학자를 비롯한 많은 사람이 더 똑똑한 인공지능을 만들기 위해 노력했다. 이로 인해 다양한 영역에서 세상을 놀라게 하는 인공지능 연구 결과가 나왔고 검색, 번역, 사진 편집, 추천 등 매일 접하는 서비스에도 인공지능이 폭넓게 활용되고 있다. 교육열이 높은 우리나라에서는 인공지능 학습 열풍이 불고 있다. 언론은 국영수에 더해 코딩과 인공지능이 주요 과목에 추가되어야 한다고 말한다. 컴퓨터공학과의 인공지능 수업은 학생들로 북적이고, 이미 취업한 직장인 대상 인공지능 교육 과정도 인기다. 데이터 과학과 인공지능을 배운 후에는 이 분야 연구자가 되거나 이들을 활용하는 일을 할 수 있기 때문이다.

필자는 대학원과 첫 회사에서 반도체와 디스플레이를 연구하며 데이터를 기반으로 여러 통계 수치를 업무에 활용했다. 이때 제조 과정에서 불량을 검출하는 알고리즘을 개선하여 업무 효율이 크게 향상되고, 실제 제조 전에 경향성만 다소 제시하더라도 생산 효율이 크게 향상되는 경험을 했다. 이후 교육 분야 스타트업에서 다양한 데이터를 다루게 되었고, 데이터 분석을 자동화하고 인공지능 모델을 학습시키는 과정에서 인공지능의 잠재력에 흥미를 느꼈다. 지금은 인공지능을 연구·개발하는 회사에서 근무하고 있다.

다양한 산업군에서 일하면서 데이터를 이해한 결과 데이터로부터 가치를 만들어내는 일은 데이터 과학자만이 아니라 모든 사람이 해야 할 일이라고 생각하게 되었다. 분야를 가리지 않고 더 나은 제품과 서비스를 만들기 위한 의사 결정에 데이터가 활발히 쓰이고 있기 때문이다. 다른 한편으로는 산업별, 태스크별로 특화된 인공지능 모델을 개발하고 활용하는 것을 넘어, 'GPT-3'와 같은 초대규모 인공지능 모델을 만들고 이를 통해 다양한 영역의 문제를 해결하려는 시도도 활발히 이루어지고 있다.

인공지능 연구와 개발은 장기적으로 어떤 목표를 가지고 있을까? 구글의 인공지능 연구·개발 자회사인 딥마인드 DeepMind는 세계 최고의 바둑 기사들을 상대로 압승을 거둔 알파고와 생명과학 분야의 오랜 난제인 단백질 접힘protein folding 예측 문제를 압도적인 정확도로 풀어낸 알파폴드AlphaFold를 개발했다. 딥마인드는 홈페이지 첫 화면에서 "만약 문제 하나를 풀어냄으로써 수천 개 이상의 문제에 대한 답을 찾을 수 있다면 어떨까?"[1]라는 질문을 던진다. 딥마인드의 장기 목표는 "인공지능의 난제를 풀고 인공일반지능artificial general intelligence이라고 알려진 보편적이고 유능한 문제 해결 시스템을 만드는 것"[2]이다.

와이컴비네이터Y Combinator는 에어비앤비airbnb, 드롭박스 dropbox, 스트라이프stripe와 같은 회사에 투자하고 이들의 성장을 도운 세계 최고의 '스타트업 엑셀러레이터Startup accelerator'다. 이 회사는 자사의 관심 주제 리스트를 발표하고 선정 배경을 설명하는데, 교육 영역에 대해서는 "우리가 교육을 고칠 수 있다면, 결국 이 리스트에 있는 다른 모든 일을 할 수 있을 것이다"[3]라고 말한다. 딥마인드가 이야기하는 인공지능의 장기 목표와 와이컴비네이터가 이야기하는 교육의 역할은 꽤 비슷하다. 구조적으로 인공지능과 교육은 한 영역의 발전이 다른 영역의 발전에 도움이 되는 관계다. 얼마 전까지는 사람이 열심히 연구해서 더 나은 인공지능을 개발하는 성과가 두드러졌는데, 최근에는 인공지능이 사람의 학습에 도움을 주는 경우가 점점 늘어나고 있다.

종이 알림장을 분실해도 괜찮은 이유

알파고나 알파폴드처럼 복잡한 모델을 쓰지 않고도 데이터를 활용해 사용자들을 돕는 서비스를 만들 수 있다. 학교에서 가정으로 보내는 알림장에는 유용한 정보들이 담겨 있는데, 학생이 종이 알림장을 학교에 두고 오는 등의 이유로 보호자에게 전달이 안 되어 불편을 겪는 경우가 많다. 필자가 일했던 교육 스타트업은 모바일 애플리케이션을 통해 학교 알림장을 사용자(주로 학부모)에게 보내주는 서비스를 제공했다. 직접 전달받지 않아도 되니 분실 위험이 없고, 알림장이 업로드되는 대로 푸시 메시지를 보내주어 전달 속도도 더 빠르다. 이 서비스를 통해 학생이 준비물을 챙기지 못하는 경우를 줄일 수 있었다.

알림장을 모바일 애플리케이션으로 받아보기 위해서는 학

데이터 과학자의
일

생이 재학 중인 학교와 학급을 입력해야 했다. 필자는 모바일 알림장 서비스에서 쌓이는 데이터를 활용해 어떤 기능을 새로 개발하거나 바꿔 사용자에게 더 나은 서비스를 제공할지 분석하는 업무를 했다. 가장 먼저 활용할 수 있는 데이터는 사용자가 구독을 신청한 학교와 학급 정보다. 피보호자가 재학 중인 학교의 알림장만 받아볼 수 있는 것도 사용자가 입력한 데이터를 활용한 결과다. 이에 더해 학교를 통해 사용자의 거주 지역을 유추할 수 있고, 학급을 통해 학년을 확인할 수 있다. 이를 바탕으로 해당 지역 및 학년과 연관 있는 교육 콘텐츠를 추천할 수 있다. 우리가 추천한 콘텐츠에 사용자들이 어떻게 반응하는지(클릭 비율, 이용 시간, 댓글 및 공유 참여 등)를 보고 이후 콘텐츠의 제작과 추천 기준을 개선할 수 있다.

데이터를 활용해 서비스의 사용성을 개선할 수도 있다. 데이터 분석을 활용해 사용자가 처음 애플리케이션을 실행하고 회원 가입할 때 몇 번째 페이지에서 많이 이탈하는지를 기록하고, 이 페이지에서의 이탈을 줄이는 여러 시도를 할 수 있었다. 동일한 콘텐츠라도 언제 푸시 메시지를 보내는지에 따라 사용자의 반응이 다르다. 사용자별로 확인율이 높은 시간에 메시지를 보내면 콘텐츠 전달률을 높일 수 있다. 어떤 디자인과 문구를 사용하는 것이 더 나은지 확신하기 어려울 때는 사용자를 임의로 두 그룹으로 나누어 두 가지 안 중 사용자가 더 선호하는 안을 찾기도 했다.

이처럼 복잡한 인공지능 모델을 사용하지 않더라도 데이터를 모으고 분석하는 것만으로도 서비스를 개선할 수 있다. 실제로 이 모바일 알림장은 인공지능 모델을 도입하기 전에도 계속 성장하여 전국 학부모의 3분의 1 이상이 꾸준히 사용하는 서비스로 성장했다. 이 과정에서 쌓은 데이터는 인공지능 모델을 학습시키는 데 가장 중요한 요소이기도 했다.

학습 효율을 높이는 인공지능

학원, 학습지, 온라인 강의 등을 가리지 않고 가장 자주 등장하는 키워드는 개인화 및 맞춤형 교육이다. 배우는 사람도 가르치는 사람도 학습자에 맞는 교육이 효율적이라는 사실을 잘 알고 있다. 일대일 튜터링은 맞춤형 교육을 하기에 유리하다. 교육심리학 분야의 석학인 벤저민 블룸Benjamin S. Bloom은 일찍이 〈2시그마 문제2 sigma problem〉[4]라는 논문을 통해 "일대일 튜터링을 받은 학생의 성취도는 강의식 교육을 받은 학생 중 상위 2퍼센트의 성취도와 같다"는 연구 결과를 발표했다.

학습자의 수준에 맞춘 개인화 교육은 학업 성취에서 굉장히 중요한 요소지만 비용과 인력 등의 제약으로 공교육은 물론 사교육에서도 여전히 실행하기 어렵다. 인공지능은 교사의 모든 역할을 대체할 수 없고 이것이 목표도 아니지만, 학생이 개인화된 학습을 할 수 있도록 도울 수 있다.

풀어야 할 문제는 많고 시간은 부족한데, 학생들은 대부분 문제집을 처음부터 차례차례 푼다. 이것이 최선일까? 학생에 따라 비율은 다르겠지만, 문제집에는 너무 쉬워서 푸는 것이 별로 도움되지 않는 문제도 있고, 너무 어려워서 나중에 풀어 보는 것이 더 효율적인 문제도 있다. 이때 데이터 과학을 활용하면, 학생이 처음 몇 개의 문제를 풀어내는 결과를 보고, 가장 학습에 도움이 되는 문제를 순서대로 추천해줄 수 있다. 결과적으로 학생들은 같은 시간을 사용하여 같은 문제집을 풀고도 더 많은 지식을 효율적으로 배울 수 있게 된다.

이는 2021년 소프트뱅크 손정의 회장으로부터 투자받은 국내 스타트업 뤼이드가 '산타토익'이라는 서비스에서 제공하고 있는 기능이다. 첫 버전에서는 토익 강사가 문제별 유형과 특성을 분석하여, 문제를 틀린 학생이 선택한 객관식 선택지에 따라 잘 모를 만한 개념을 사전에 정의하고, 그에 따라 다음 문제를 추천해주는 문제 추천 서비스를 만들었다. 기존 문제집에서는 찾아볼 수 없던 서비스를 많은 사용자가 사용했고, 이를 통해 실제 사용자의 문제 풀이 데이터가 많이 쌓였다. 이렇게 쌓인 사용자들의 데이터를 통해 개별 문제의 특성과 유형을 사전에 정의해두지 않더라도, 학생별로 맞히고 틀린 데이터를 바탕으로 아직 풀지 않은 문제의 정답률을 예측하는 기능을 개발할 수 있었다. 이를 기반으로 단순히 맞히기 어려운 문제를 추천하는 것이 아니라, 성적 향상에 가장 도움이 되는 순서로 문제를 추천하는 서비스를 제공할 수 있었다. 첫 서비스는 토익이었지만 문제 풀이 결과를 통해 적합한 문제를 추천해주는 기술은 어떤 객관식 문제에도 큰 수정 없이 적용될 수 있기에, 뤼이드는 현재 ACT, GMAT, 공인중개사 등 다양한 시험의 서비스를 출시하고 있다.

흥미를 높이고 풀이법을 찾아주고 피드백을 제공하고

효율적으로 학습하는 것도 중요하지만, 학습 자체에 흥미를 갖지 못한다면 효율의 높고 낮음은 의미가 없어진다. 즉 학습 효율만이 아닌, 학생의 이탈률까지 예측하고 고려해서 학습 콘텐츠를 추천해야 한다. 게임에서는 이미 널리 활용된 기능이 이제 교육에서도 활용되기 시작했다. 예를 들면 똑같이 영어 공부를 하더라도 학생의 관심사를 다루고, 학생의 수준에 맞는 단어와 문법이 사용된 지문을 검색·생성해줌으로써 학생의 흥미를 유지하고 이탈률을 줄이는 것이다.

문제 추천 외에 문제 풀이를 효율적으로 찾아주는 데도 인공지능을 활용할 수 있다. 문제를 풀다 막혔는데 해설을 봐도 이해되지 않을 때가 많고, 때로는 설명이 없는 경우도 있다. 모르는 문제를 물어볼 선생님이나 친구가 가까이 있으면 좋겠지만, 마땅치 않을 때가 많다. 이때 모르는 문제를 사진으로 찍어 올리면 5초 만에 풀이법을 제공해주는 서비스가 있다. 매스프레소라는 스타트업이 만든 '콴다'라는 서비스다. 우리나라에서만 매일 260만 건의 질문이 올라오는데, 이는 가장 인기 있는 SNS 인스타그램에 매일 올라오는 사진 분량과 맞먹는 수준이다.

콴다 또한 처음부터 가능한 일은 아니었다. 초기에는 학생이 질문을 사진 찍어 올리면 대부분 수학 과외 경험이 있는 창업자들이 직접 풀어 답했고, 점점 더 많은 학생이 질문을 올리자 더 많은 선생님이 참여해 답변했다. 인공지능 기술의 발달과 축적된 데이터가 더해져서, 2017년에 인공지능이 문제를 인식하고 풀이를 검색해주는 기능을 출시했다. 콴다의 핵심 기술은 광학문자인식optical character recognition(OCR)과 검색이다. 이미 답변 기록이 있는 문제는 인공지능이 5초 안에 풀이를 찾아낸다. 선생님이 풀어줄 때보다 더 빠르게 풀이를 찾아주니 학생의 만족도가 높다. 답변 기록이 없는 문제를 선생님들이 풀어 답하면 이 또한 데이터로 쌓여 이후에는 인공지능이 찾아줄 수 있게 된다. 시간이 지남에 따라 질문 중 선생님이 답변할 필요 없이 인공지능이 풀이를 찾아주는 문제의 비율이 점점 높아지고 있다. 인공지능이 풀이를 찾지 못했거나 풀이를 보고도 이해하기 어려운 경우 선생님과 연결해줌으로써 비용과 학습 효율을 높였다. 이후에는 질문에 대한 풀이법 안내를 넘어 인공지능이 문제를 이해하여 풀거나, 학생의 질문 이력에 따라 개인화된 풀이를 제공하게 될 것이다. 모르는 문제에 대한 풀이를 제공하는 것 외에도 이해도를 높이기 위해 비슷한 문제를 추천하고, 해당 문제를 풀지 못하는 학생들에게 도움이 되는 학습 콘텐츠를 찾아 추천하는 기능도 이미 제공하고 있는데, 이 또한 데이터가 쌓이면서 성능이 개선되고 있다. 이와 같은 서비스는 국가와 언어가 다르더라도 풀이 데이터를 쌓은 후 인공지능 모델을 학습시키는 기술은 동일하기 때문에, 한국뿐만 아니라 일본, 인도네시아, 베트남, 태

데이터 과학자의
일

국 등 해외에도 출시되었고, 구글 플레이 스토어 교육 분야 1위를 차지하고 있다.

아직은 인공지능이 활발히 적용되고 있지 않지만 서비스가 진화하고 데이터가 쌓임에 따라 폭발적인 성장이 기대되는 교육 서비스도 많다. '설탭'은 태블릿 기기를 활용해 중고등학교 학생과 대학생 선생님이 원격으로 과외할 수 있는 서비스를 제공한다. 지금은 과외 서비스가 메인이지만, 학생들에게 개인화된 피드백을 줄 수도 있다. 문제를 틀렸다는 결과는 같더라도, 풀이법을 찾지 못한 학생과 풀이법은 금세 찾았지만 계산을 실수한 학생에게는 각기 다른 해결책이 필요하다. 나아가 인공지능이 과외 선생님의 역할을 일부 해줄 수도 있다. '텔라'는 카카오톡 메신저를 통해 외국 대학생과 채팅하며 영어를 배울 수 있는 서비스다. 인공지능 챗봇과 사람의 대화는 여러 차이가 있다. 챗봇이 사람과의 대화를 완전히 대체할 수는 없지만, 사람과 대화한 후 인공지능이 잘못된 영어 표현이나 더 적합한 표현들을 알려주는 피드백을 빠르게 제공할 수 있다.

학습이 아닌 선생님을 돕는
인공지능 서비스

데이터 과학자뿐만 아니라, 학교 선생님도 학생들을 교육하는 데 직간접적으로 많은 데이터를 활용한다. 학교에 따라 편차가 있겠지만, 만족스러운 수준의 개인화 교육이 이루어지지 않는 주된 문제는 선생님의 시간 부족이다. 데이터 기반의 서비스는 기존 선생님 업무의 여러 영역을 자동화함으로써 선생님이 더 중요한 일이나 자신만이 할 수 있는 일에 집중하게 돕는다.

학생들의 수준에 맞춰 문제를 출제하는 일은 중요하고 어렵다. 그렇지만 모든 선생님이 모든 문제를 직접 만들 필요는 없다. 각 학생의 지난 시험 성적과 숙제·쪽지시험 성적 데이터를 바탕으로 학급별 목표 점수와 분포 및 학습 단원을 입력하면 공유 문제은행에서 문제가 추천되고, 이를 바탕으로 선생님은 마무리 작업만 하는 방식으로 시간을 줄일 수 있다. 사교육 영역에서는 프리윌린이라는 스타트업이 '매쓰플랫'이라는 서비스를 통해 50만 개 이상의 문제와 1,400여 권에 이르는 교과서, 교재를 연동해 수학 선생님에게 필요한 콘텐츠를 제공하고 있다.

서술형 문제와 에세이가 도입됨에 따라 채점 또한 시간이 많이 걸리는 일이 되었다. 버클리 캘리포니아주립대학교(UC버클리) 연구팀이 개발한 '그레이드스코프Gradescope'는 인공지능 기술을 활용해 학생 답안의 정오답 여부는 물론, 미리 정의된 기준에 따라 부분 점수 부여 여부까지 분석하여 선생님들이 빠르게 채점할 수 있도록 돕는다. 창업자들의 모교인 UC버클리뿐만 아니라 1,000개 이상의 학교 5만 명 이상의 선생님이 이를 활용해 채점하고 있다.

문제 출제와 채점 데이터가 체계적으로 쌓이면 개인화된 피드백도 가능해진다. 수학 과목에서 똑같이 다섯 문제를 틀려 80점을 받은 학생이라도 어떤 문제를 어떻게 틀렸는지에 따라 유용한 학습 방법이 다르다. 집합 문제를 틀린 학생과 도형 문제를 틀린 학생의 숙제가 달라야 하고, 같은 문제를 틀렸더라도 개념을 잘못 아는 학생과 계산을 잘못한 학생에 대한 피드백은 달라야 한다. 이 외에 선생님은 데이터를 통해 학생들의 단원별 성취도가 얼마인지 확인할 수 있다.

데이터 기반의 교육 서비스는 비대면 수업을 해야 하는 상황에서 더 빛을 발할 수 있다. 학생 참여를 독려하는 수업이 점점 늘어나고 있는 상황에서 어떤 학생이 얼마나 적극적으로 수업에 참여했는지, 어떤 상황에서 참여했는지 아는 것은 선생님에게 도움이 된다. 그렇지만 수업을 진행하고 학생들의 참여를 독려하는 와중에 학생 수십 명의 참여도를 개별적으로 파악하고 관리하는 일은 매우 어렵다. 이때 학생별로 마이크에 목소리가 나온 시간의 길이에 따라 학생의 화면 색상에 명암을 준다면, 선생님은 각 학생의 참여도를 대략 알 수 있고 이를 즉각 수업에 반영할 수 있다. 수업이 끝난 뒤에도 수업 중 학생들의 참여도와 이해도를 확인하고 수업을 개선할 수 있을 것이다.

공교육을 비대면으로 진행하며 여러 어려움을 겪었지만, 시험을 치르는 것은 특히 어려웠다. 시험은 변별력과 공정성이 필요한데, 비대면 시험은 공정성을 담보하기 어렵다. 이때 인공지능은 시험 중 학생의 표정, 시선, 답안 작성 속도 등과 함께 평소 학습 데이터를 활용하여 부정행위 여부를 알려줄 수 있다. 이 시스템에 더해 난이도에 따른 문제별 표준 점수를 제공하면 학생들이 모두 모여 시험을 치르지 않아도 공정한 시험을 치를 수 있다.

더 높은 점수를 넘어 더 나은 학업 성취로

시험을 통해 학업 성취도를 평가하고 평균 점수를 높이는 것은 교육의 주된 목표 중 하나다. 그렇지만 선생님이 자신의 교수법을 점검하고, 학생들이 자신의 학습법을 개선하는 데 참고할 데이터는 중간고사, 기말고사보다 더 자주 주어질 수 있다. 대다수 학교에서 이루어지고 있는 평가 및 교육 방식은 '총괄적 평가summative assessment'인데, 기말고사와 같이 교과 과정이 끝나는 시점에 학생들의 학업 성취 수준을 평가하고, 학생 간 변별력을 확보하는 방식이다. 반면 '형성 평가formative assessment'는 토론, 짧은 주기의 퀴즈, 숙제 등을 통해 교과가 진행되는 과정에서 교수법과 학습법에 대한 피드백이 이루어지고, 선생님과 학생에게 그때그때 필요한 피드백을 제공하는 것을 목표로 한다. 형성 평가가 널리 도입되지 못한 데는 학기말 시험 성적이 가장 중요하다는 인식과 더불어 형성 평가를 하려면 더 많은 인력이 필요했기 때문이다. 앞서 언급한 인공지능 교육 서비스와 앞으로 개선될 서비스를 적용하면 지금과 같은 교사 대 학생 비율로도 점진적으로 형성 평가로 전환할 수 있다.

교육은 학생들이 자신의 적성을 찾고 계발하여 성공적

이고 행복한 삶을 살 수 있도록 돕는 역할도 한다. 데이터 기반의 서비스와 인공지능은 이 부분에 크게 기여할 수 있다. 최근 유행하는 마이어스-브릭스 유형지표Myers Briggs Type Indicator(MBTI)는 간단한 문항 수십 개에 답하면 답변자의 성향, 추천 진로, 나아가 잘 맞는 연인 타입까지 알려준다. 신뢰도 측면에서 논란이 있지만, MBTI와 같은 형태의 서비스는 앞으로 더 유효해질 것이다. 가장 쉽게 과목별 점수를 바탕으로 진로나 교과 외 활동을 추천해줄 수 있다. 활용할 수 있는 데이터가 쌓이면 학생이 꾸준히 공부하는지, 벼락치기를 하는지, 토론을 잘하는지, 문제를 잘 푸는지, 과목별 학습 효율은 어떤지 등에 따라 적합한 학습법과 진로를 추천해줄 수 있다.

인공지능 시대에 중요한 역량

지금까지 기존의 주요 교과목을 더 효율적으로 학습하는 데 인공지능이 어떻게 활용될 수 있는지 이야기했다. 그렇지만 미래에 중요한 역량은 이전까지 중요했던 역량과 다를 수 있다. 예를 들면 전에는 직접 개발하고 생산할 수 있는 역량이 중요했지만, 앞으로는 좋은 취향을 갖는 것이 훨씬 더 중요해질 것이다. 이미 인공지능이 글을 쓰고, 음악을 만들고, 그림을 그리고, 코드를 작성하기 시작했다. 그 속도를 정확히 추측하기는 어렵지만, 앞으로 인공지능이 이 방향으로 계속 나아가리라는 점은 매우 명확하다. 최근 발표되는 연구 결과들을 살펴보면 그 속도 또한 매우 빠르다.

직접 그림을 잘 그리는 것보다 어떤 그림이 좋은지 알아보는 역량, 이를 바탕으로 다른 사람에게 가치를 전달하고 공감을 얻는 역량이 점점 더 중요해지고 있다. 좋은 취향을 갖기 위해서는 다양한 사람을 만나 새로운 경험을 하고, 자신과 타인의 욕구에 관해 솔직하게 대화해보는 것이 필요하다. 사람들은 대부분 인공지능을 직접 만들기보다는 인공지능을 활용하여 가치를 만들며 살게 될 것이다. 아직까지는 많은 학생이 입시와 취업의 획일화된 기준을 맞추느라 개인의 특성을 살리지 못한 채 학습과 경험의 영역을 제한당하고 있다. 미래를 설계하는 가장 좋은 방법은 각자의 재능과 흥미를 살리는 것이다. 여기에 인공지능의 발전이 큰 역할을 할 것이다.

9장

예비 데이터 과학자를 위한
취업 분투기

이 지 혜

데이터 프로덕트의 기술 매니저. 아주대학교 심리학과에
서 학사학위를 받고 동 대학원 미디어학과에서 데이터
시각화 분야의 석사학위를 받았다. 이후 한국과 일본의
여러 회사에서 데이터 분석 업무를 수행했으며, 현재는
존슨앤존슨 도쿄 지사에서 사내 데이터 프로덕트 부문을
담당하며 데이터 프로덕트의 개발, 운영, 통합 및 데이터
분석 업무를 맡고 있다. 의료 및 심리학 업계에서 데이
터 과학을 활용하는 활동에 관심이 많다.

나의 데이터 과학 취업 분투기

나는 이 자리를 빌려 지금까지 어디에서도 털어놓은 적 없는 이야기를 해보려 한다. 데이터 과학자로 취업하고자 노력했으나 결코 성공적이지 못한 내 경험의 일부이자, 데이터 과학과 관련된 업무를 맡기 위해 고군분투했던 이야기다. 동시에 데이터 과학과 관련된 업무를 수행하는 사람 중 개발 업무를 담당하지 않더라도 사업 부문의 과제 해결을 위해 데이터 과학을 활용하는 사람들을 만난 이야기도 해보려 한다. 마지막으로 데이터 과학 분야의 일을 하려면 어떤 경험이 필요한지를 이야기하고자 한다.

지금부터 할 이야기는 필자가 몇 년 동안 아시아 지역의 다양한 조직에서 직접 경험하고 체득한 이야기다. 물론 이 경험은 2021년 한국 데이터 과학자 구직 시장의 트렌드 혹은 한국 데이터 과학 조직의 실상과는 어느 정도 차이가 날 수 있다. 하지만 누군가에게 이 이야기가 데이터 과학 분야를 향한 진로 탐색에 조금이라도 도움이 되었으면 한다. 이 글에서 '데이터 과학자'라는 용어는 채용 공고의 최신 경향을 기반으로, '데이터를 활용한 모델 개발 및 배포, 관리를 담당하는 업무'에 한정하여 사용했다는 점을 고려하여 글을 읽어주었으면 한다.

필자는 데이터 과학자로서 취업을 희망하는 요즘 사람들과는 달리, 엔지니어링을 깊이 공부한 이력이 없다는 점에서 약간 특이하다. 구체적으로 말하자면 석사 과정에서 데이터 시각화 분야를 연구했고, 환자의 의학 검사 데이터를 기반으로 만성도를 분류할 수 있는 프로그램 개발 과정에 관여하며 데이터의 실질적인 활용 방안을 제안하는 데 참여했다. 하지만 이렇게 여러 분야를 연구했다고 해서 컴퓨터과학 및 통계학 모두에 능통하다고는 볼 수 없는 상태였다. 학부에서 사회과학을 전공한 덕분에 데이터 수집 및 관리에 대한 방법론을 충분히 이해하고 있었지만, 이것이 데이터 과학 커리어에 엄청나게 도움이 된다고 말하기는 어려울 것 같다. 이렇듯 필자는 사람들이 흔히 상상하는 '데이터 과학자'의 이미지와는 상당한 거리가 있었음에도, 언젠가 데이터 과학자가 되어 일하고 싶다는 꿈을 가지고 있었고, 언젠가 그런 자리에서 대단한 일을 해내고 싶었다.

석사 과정을 졸업하기 반년 전부터 중소기업부터 대기업에 이르기까지 수많은 기업에 이력서를 제출하고 면접을 봤다. 이 과정에서 한국의 취업 장벽이 생각보다 높고 험난하다는 사실을 알게 되었다. 이 같은 취업 실패 상황이 필자의 실력 부족 때문만은 아닐 수도 있다는 생각을 하면서도, 이 실패를 인정하고 싶지 않았다. 하지만 여러 자료를 조사하면서 데이터 과학자가 회사에서 어떤 일을 하는지, 어떤 경험을 해야 그 자리에 앉을 수 있는지 등 직업에 관한 정확하고 구체적인 정보가 거의 없다는 사실을 알게 되었다.

이 시기는 국내에 데이터 과학이라는 개념이 한창 소개될 때였다. 미국에는 데이터 과학자라는 직업이 존재하며, 이들은 사내의 다양한 문제를 해결하기 위해 데이터를 효율적으로 활용하는 사람이라고 소개되기 시작했다. 미국에서 데이터 과학자들이 높은 연봉을 받는다는 사실 때문인지, 국내에서는 이 부분을 특히 강조하는 외부 교육 프로그램들이 개설되는 상황이었다. 해외의 저명한 저널인《하버드 비즈니스 리

뷰Harvard Business Review》에 "데이터 과학자는 21세기의 가장 섹시한 직업"이라는 기사가 보도되었다는 점을 강조하면서, 단기간 내에 고연봉을 받을 수 있다고 홍보하는 교육 기관도 적지 않았다. 데이터 과학에 관심이 있는 사람은 한 번쯤 그 기사에 대해 들어본 적이 있을 것이다.

그만큼 데이터 과학자에 대한 관심이 상당했음에도 이 직업의 종사자가 회사에서 어떤 일을 주로 담당하는지, 어떤 성과를 내는 역할인지에 관한 한국어 정보는 거의 유통되지 않았다. 그럼에도 불구하고 한국에서는 데이터 과학자로 취직하려는 구직자들에게 막연하게 높은 수준의 기술력과 배경을 요구했다. 예를 들자면 최신 시스템을 활용해본 기술 경험, 수준 높은 학회에 논문을 게재한 경험 같은 것들 말이다. 실제로 이런 것들이 데이터 과학자를 채용하는 데 1순위 고려사항이 아닐 수 있음에도, 해당 경력 유무를 서류 심사 단계에서부터 까다롭게 검토하는 이유를 납득할 수 없었다. 몇 개월의 구직 과정 끝에, 데이터 과학자에 대한 국내 회사들의 기대치와 필자의 조건이 서로 맞지 않는다는 점을 깨닫게 되었다. 결국 데이터 과학과 그나마 관련성이 높은 경력을 확보하고 시간을 번다는 평계로 수도권의 중소기업에 입사해 데이터 분석가로 근무를 시작했다.

원하는 업무를 담당하기 위한 긴 여정

우여곡절 끝에 첫 회사에 입사한 이후에도 '데이터 과학자'로 근무하기 위해 여러 회사에 계속 문을 두드렸다. 첫 회사에서 담당한 업무는 데이터 분석과 데이터 엔지니어링 사이의 어중간한 업무였는데 사내 고객센터의 업무 확인 및 검증을 위해 각종 대시보드를 만들고, 대시보드 내부의 성능을 최적화하는 일이었다.[1] 3개 언어로 고객을 응대하는 고객센터 상담사의 업무 효율을 개선하기 위해 어떤 영역을 향상하면 좋을지 나름의 가설을 세워 모델을 검증하는 작업도 진행했다.

하지만 데이터 검증 작업을 진행할수록 데이터 활용에 대한 데이터 분석 실무자와 의사 결정권자의 견해 차이가 뚜렷하다는 점을 알게 되었다. 데이터는 단순히 수행 능력 검증을 위한 도구에 불과하며, 이를 잘 보여줄 대시보드 유지 및 보수 작업에만 충실하면 된다는 의사 결정권자의 이야기에 동의하기 어려웠다. 당시 필자는 이런 업무 분장은 데이터 분석과 관련된 커리어 성장에 방해가 될 것이라고 생각했다. 덧붙여 데이터 분석가가 데이터 모델링이 아닌 대시보드 작성 및 유지보수 업무에 집중해야 한다는 점도 납득하기 어려웠다.

이직을 결심하고 열심히 구직 활동을 했음에도, 처음 취직을 준비하던 당시와 마찬가지로 '데이터 과학자가 어떤 일을 수행하는지' 설명해주는 곳은 거의 없었다. 그나마 설명해주는 회사도 대개 데이터 과학자의 업무가 개발과 직접 관련 있는 곳이었다. 필자는 개발에 치중하기보다는 분석 결과를 보고하고 대화로 문제를 해결해나가는 업무를 원했는데, 그런 자리는 하늘의 별 따기 수준으로 만나기 어려웠다. 지금 생각해보면 이런 업무는 최근 '인사이트 분석'이라는 키워드로 축약되어 구인 시장에 소개되는 듯하다.

두 번째 회사에서는 자사 애플리케이션의 로그를 분석하고, 애플리케이션 서비스의 핵심성과지표Key Performance Indicator (KPI)를 선정하여 서비스의 이용 상황을 확인하고 개선된 서비스를 기획하는 업무를 담당했다. 이때 디지털 서비스 기획팀과 IT 인프라팀 사이에서 각종 데이터를 추출하기 위해 구조적 쿼리 언어Structured Query Language(SQL)[2]를 붙들고 고군분투하던 기억이 아직도 선명하다. 하지만 이 업무에서도 필자가 기대한 수준의 데이터 모델링 및 가설 검증 작업을 하기는 어려웠다. 두 번째 회사는 금융회사였던 탓에 개인정보 등 대부분의 데이터를 다루는 데 상당한 제약이 존재했다. 그리고 업계의 비즈니스 모델 자체가 개인적으로 받아들이기 어려웠다는 점에서 심란했다.

직장 생활을 하며 유명 구직 사이트들에 올라오는 수백 개의 데이터 분석가 및 데이터 과학자 공고를 수개월 동안 꾸준히 조회하고 분석한 결과, 국내의 데이터 과학자 업무 대부분은 필자가 원하는 업무와 확연하게 다를 가능성이 높다는 사실을 깨달았다. 앞서 언급한 것처럼 필자는 데이터를 기반으로 한 인사이트 분석 및 데이터 모델링 작업을 하고 싶었는데, 막상 면접 등에서 업무 내용을 확인해보면 이 같은 업무를 수행하는 팀이 많지 않았기 때문이다. 이 사실을 깨닫기까지 2년 가까운 시간이 걸렸다. 이후 한국이 아닌 다른 나라에서 커리어를 쌓고 지금 회사에 입사하여, 사내 데이터 시스템 서비스를 관리하는 책임자이자 데이터 분석 프로젝트를 진행할 수 있는 데이터 과학자로 일하고 있다.

회사마다 데이터 과학자의 업무가 천차만별인 이유

필자가 국내외의 회사에서 '데이터 과학자'로서 수행한 업무는 이토록 다양하다. 문득 데이터 과학자는 하나의 명칭을 사용하면서도 왜 이렇게까지 다양한 업무를 경험하게 되는지

궁금해졌다. 데이터 과학의 업무가 회사마다 부서마다 다를 수밖에 없는 이유는, 첫째로 기업이 속한 산업군 혹은 소속 부서마다 데이터 과학자에게 원하는 기대치가 다르기 때문일 것이다. 데이터 과학자는 입사 후 회사 내의 다양한 업무 과제를 받는다. 그런데 그 내용은 사내의 데이터 파이프라인 구축 업무일 수도 있고, 마케팅 비용 최적화를 위한 분석일 수도 있으며, 추천 시스템 개발일 수도 있다. 데이터 과학자는 주어진 데이터로 문제를 해결할 수 있어야 하기에, 사람들은 데이터와 관련된 풍부한 지식과 상황에 따라 여러 프로그램을 능숙하게 다루는 능력을 기대하기 마련이다. 인프라 부서의 데이터 과학자와 마케팅·영업 부서의 데이터 과학자는 소속된 팀의 특성과 목적이 완전히 다르기에 같은 '데이터 과학자'라 할지라도 업무 내용이 완전히 일치할 수 없을 것이다.

일례로 필자가 다니는 회사 전략팀의 데이터 과학자는 전략 수립을 위한 근거 자료를 만드는 과정에서 계열사별로 매출을 구별하기 위한 데이터 정제, 전처리, 모델링 등 일련의 작업을 혼자 엑셀로 작업한다. 하지만 다른 계열사의 마케팅팀 데이터 과학자는 이미 사내의 데이터베이스에 적재된 데이터를 아마존웹서비스Amazon Web Service(AWS)에서 불러오고, 파이썬을 통해 전처리 작업을 수행하며, 데이터이쿠Dataiku(기

데이터 과학자의
일

계학습 모델링을 도와주는 프로그램)를 기반으로 모델링 작업을 진행하여 사내 시스템에 배포한다. 전자는 이제 막 데이터 분석 기반을 확립해나가는 신생 팀 소속이고, 후자는 이미 기존 직원들이 어느 정도 작업 환경을 정리해둔 상황이었다. 업무 배경 지식으로, 전자에게는 의료기기에 대한 지식을, 후자에게는 제약산업 전반에 대한 지식을 요구한다는 점에서도 차이가 있었다. 이처럼 같은 회사 내에서도 어떤 사업부에서 어떤 목적으로 데이터 분석을 수행하느냐에 따라 업무 내용이 판이하게 다를 수 있다.

둘째, 업계에 따라 데이터 과학자에게 필요한 데이터 관련 지식 및 업계의 흐름에 관한 지식(도메인 지식)의 깊이가 다를 수밖에 없다. 예를 들어 금융업계 신용 리스크 분야의 데이터 과학자에게는 회귀분석 모델링 경험이 더 중요할 수 있고, 소비재 산업의 데이터 과학자에게는 예측 모델링·시계열 예측·추천 시스템과 관련된 경험이 더 필요할 수도 있으며, IT 회사의 데이터 과학자에게는 실전에서 모델을 배포·관리해본 경력이 더 중요할 수도 있다. 즉 산업 분야에 따라 데이터 과학자에 대한 기대치가 다른 것은 자연스러운 현상이다.

마지막으로, 회사의 규모에 따라 조직과 구성원을 운영하는 방식이 크게 달라지기 때문이다. 어떤 회사에서는 한 사람에게 여러 역할을 기대하기도 하고, 다른 회사에서는 한 사람에게 극히 제한된 역할만을 부여하는 식으로 말이다. 예를 들면 필자가 속했던 회사의 A 부서에서는 데이터를 수집하는 사람, 관리하는 사람, 사용하는 사람을 각각 따로 두어 데이터 과학자가 온전히 데이터 모델링 및 배포 작업, 퍼포먼스 개선 작업에 집중할 수 있도록 했다. 반면 다른 회사의 B 부서에서는 소수의 사람이 데이터 수집, 처리, 관리, 분석, 모델링까지 두루 살펴야 했다. 이 외에 회사 핵심 경영진이 데이터 과학을 얼마나 이해하고 있는지에 따라서도 사내에서 할 수 있는 일, 앞으로 접할 수 있는 일이 확연하게 달라질 것이다.

앞서 언급한 이유와 상황으로 인해, 데이터 과학자가 관련 지식이나 경험이 풍부하지 않은 상태에서 해당 업무를 맡게 되는 경우가 있다. 현재 필자가 속한 조직에서 함께 일하는 동료들은 데이터 과학자로서 경험이 없음에도 관련 프로젝트들을 주도하곤 한다. 뛰어난 개발 기술은 없지만 회사 사정상 데이터 과학 관련 프로젝트를 기획·발주·관리하는 경우에 해당한다. 데이터 과학이 개발 및 환경 구축 작업에 한정되는 것이 아니라, 데이터를 활용한 모든 프로젝트가 데이터 과학의 일부라고 생각될 정도다.

큰 조직일수록 이런 과정을 주도적으로 운영하고 책임질

수 있는 사람들을 별도로 선발하는데, 그들을 프로덕트 책임자product line owner 나 비즈니스 분석가business analyst 라고 부르기도 한다. 이들은 주로 자신이 맡은 프로덕트에 대한 개선을 목적으로 한 요건 정리, 개선 작업을 도맡아 진행한다. 한국에서 흔히 말하는 프로젝트 매니저와 가장 유사한 직무라고 볼 수 있다. 하지만 이 업무에 종사하는 사람들은 항상 주변으로부터 데이터 프로덕트와 관련된 수요와 개선 사항을 수집하고, 이를 프로젝트화하여 발주하고, 개발부터 운영까지 폭넓게 관리하기 때문에 단순히 프로젝트 매니저라고 표현하기는 부족하다. 만약 이들의 관리 영역이 데이터 과학과 접점이 있다면, 대개 채용 공고에서 데이터 전반에 대한 배경 지식 및 경험을 요구한다.

데이터 과학자로 바로 취직하기가 쉽지 않다면 코딩이나 개발 작업에 관여하는 기술자 영역에 한정하지 말고, 방향을 우회하여 이 같은 업무를 담당해보는 것도 좋은 시도가 될 수 있다. 덧붙여 회사에 따라서는 직원들을 다양하게 활용하고 그들에게 새로운 업무 기회를 부여하기 위해 사내 기술 연수 과정에 데이터 과학을 포함하거나, 데이터 과학 직무에 속하지 않은 사람이 참여할 수 있는 데이터 과학 해커톤[3]을 개최하기도 한다. 개발 업무에 뛰어난 소질은 없지만, 다른 영역에 강점이 있고 데이터 관련 업무를 해보고 싶다면 이러한 시도도 좋은 대안일 수 있다.

데이터 과학자에게 필요한 역량은 무엇인가

그렇다면 데이터 과학 업무를 수행하려면 어떤 능력이 필요할까? 앞서 이야기한 것처럼 데이터 과학 업무에 대한 인식을 넓힐 필요가 있다. 특히 이 업무는 반드시 코딩을 하는 사람 혹은 특정 개발자만의 영역이 아니라는 점을 기억하고 있어야 한다. 데이터 과학은 결국 현실의 비즈니스 문제를 기존에 축적한 데이터를 통해 해결하려는 시도라는 점을 명심하자. 이와 함께 자신이 데이터 과학 업무와 얼마나 잘 맞는 사람인지도 고려해보자. 아래의 세 요소를 기준으로 삼으면 좋을 것이다.

데이터 문해력(데이터 리터러시) 데이터가 담고 있는 정보와 숨은 의미를 파악하는 능력을 뜻한다. 글을 읽은 후 중심 내용이 무엇인지 파악하는 것처럼, 데이터를 다룰 때에도 데이터 분석을 끝낸 후 데이터가 담고 있는 이야기가 무엇인지 이

끌어낼 수 있어야 한다. 데이터 문해력이 높은 사람은 탐색 분석을 진행한 후 '이 데이터를 통해 어떤 이야기를 해나갈 수 있는지'를 쉽게 알아챌 수 있다. 이 능력은 꾸준히 데이터를 접하고, 스스로 탐색 분석 연습을 하면 개선할 수 있다. 최근에는 여러 업계에서 IT 문해력(IT 리터러시)과 더불어 중요하게 여기는 능력이다.

끈기 사전적 정의는 '쉽게 단념하지 아니하고 끈질기게 견디어 나가는 힘'을 의미하지만, 여기서는 문제 해결을 위해 얼마나 깊이 몰두할 수 있는지를 측정하기 위한 개념으로 변용했다. 데이터 과학뿐만 아니라 기술 업무 전반에서는 해결하고자 하는 문제에 대한 답안을 도출하기 위해 다양한 관점에서 가설을 수립, 검증하는 경우가 많다. 그러므로 끈기는 데이터 과학자에게 상당히 중요한 능력이라고 할 수 있다.

비즈니스 흐름에 대한 이해 흔히 '도메인 지식'이라고 부르는 내용이다. 앞서 언급한 두 요소와는 달리, 도메인 지식은 경험을 통해 배우거나 도제식으로 전달되는 경우가 대부분이다. 세 가지 요소 중 가장 터득하기 어렵고, 오랜 시간을 투자해야 배울 수 있는 것이라고 생각한다. 최근 기업들은 데이터 과학자를 신입으로 선발하지 않고, 기존에 타 부서에서 근무하던 경력자에게 코딩 교육 등을 실시하여 데이터 과학 업무에 배치하는 경우가 많다. 특정 분야에 대한 배경 지식 및 경험을 쌓기 위해서는 긴 시간이 필요하지만, 코딩 및 통계 교육은 교육을 통해서 비교적 짧은 시간에 보완 가능한 영역일 것이라는 판단이 있기 때문이다.

위에서 언급한 요소들을 살펴보면, 코딩에 대한 내용이 없다는 점을 알 수 있다. 최근 다양한 보조 도구를 통해 코딩의 부담을 줄이고 데이터로 가설을 검증하도록 돕는 시도가 늘어나고 있기 때문이다. 가장 단순한 방법으로는 데이터 과학 프로젝트가 필요할 때 데이터 분석을 위한 코딩을 할 수 있는 외부 업체에 프로젝트 단위로 일을 의뢰할 수 있다. 팀에 코딩을 할 수 있는 팀원을 한두 명 배치하고 그들이 코딩 업무를 전담하는 방식으로 업무를 효율화하기도 한다. 마지막으로 데이터로봇Datarobot과 같이 다양한 머신러닝 프로그램을 통해 코딩을 배우지 않고도 데이터로 모델을 직접 설계하고 검증할 수 있도록 돕는 솔루션이 증가하고 있는데, 이를 활용하는 방법도 있다.

최근 직접 코딩을 할 수 있는 현업 담당자도 처음부터 끝까지 직접 환경을 구축하여 모델을 구현·배포하기보다는 사용이 간편한 머신러닝 프로그램에 모델을 구현하여 과제를 풀어가는 경우가 많다. 이 상황을 바로 옆에서 지켜보며, 향후 사업부 소속으로 데이터 과학 업무를 하려는 사람에게는 코딩보다 다른 요소들이 더 중요할 수도 있다는 모종의 확신이 들었다. 바로 통계적 개념을 어떤 비즈니스 상황에서 적용할 것인지, 그 판단이 옳은지 틀린지 판단할 수 있는 직관과 경험이다. 물론 이는 IT 회사에서 핵심적인 업무를 담당하는 데이터 과학자가 아닌, 비 IT 업계에서 사업부 소속으로 근무하는 데이터 과학자의 이야기에 가깝다. 그렇기에 향후 IT 업계의 최전선에서 일하고자 하는 꿈이 있다면, 이 내용은 어디까지나 참고용으로 생각하는 것이 좋다.

점점 확장하는 데이터 과학의 길

아직 데이터 과학이 사업의 개선에 얼마나 직접적인 영향을 주는지는 실험 단계에 있다. 특히 IT 업계 외에는 데이터 과학이 비즈니스 성과 개선에 얼마나 영향을 주는지 검증하는 과도기를 겪는 중이다. 그런데 과거 데이터 과학이라는 용어가 존재하기 이전에도 비즈니스 경험이 풍부한 사람들을 중심으로 다양한 데이터를 뜯어보고 활용해보고, 데이터에서 얻은 인사이트를 기반으로 사업 성과를 개선해보려는 시도는 꾸준히 존재해왔다. 그러므로 회사에서 데이터를 활용하려는 시도 자체는 전혀 새로운 것이 아닐 수도 있다.

다만 활용하고자 하는 데이터가 광범위해지고 있다는 사실을 기억하자. 예전에는 단편적인 거래 실적 데이터만을 분석했다면, 이제는 개개인이 보유한 각종 기기로부터 습득할 수 있는 모든 데이터를 긁어모아 사업 실적과 연결하려는 시도가 활발하다는 뜻이다. 또한 기술의 비약적인 발전으로 인간의 행동을 숫자나 문자 외에도 영상, 음성, 이미지로 수집할 수 있게 되면서 데이터 과학에 대한 기대가 급속도로 늘어나고 있다. 이 영역은 최근 인공지능과 딥러닝이라는 이름으로 따로 분류되는 경향이 있다. 향후 자신이 희망하는 직업이 데이터를 활용한 문제 해결(데이터 과학)의 영역인지, 데이터를 새로운 영역에서 수집·활용(인공지능 및 딥러닝)하기를 기대하는 영역인지 돌아볼 필요가 있다.

결론 삼아 말하고 싶은 내용은 아주 명료하다. 데이터 과학은 기존에 없던 새로운 방법론이 아니며, 기술 발전에 의해 새롭게 해석되고 확장되는 영역이라는 점이다. 그래서 기

데이터 과학자의
일

술적 역량이 뛰어난 사람을 채용해 새로운 접근을 시도하려는 회사들이 있는 반면, 기존의 인력을 재교육하여 데이터 과학 프로젝트에 배치하고 성과를 내는 회사들도 적지 않다는 사실을 말하고 싶었다. 필자는 이 사실을 전혀 이해하지 못한 상태로 취업을 준비했고, 그래서 처음에는 업계 진입에 실패했다.

필자는 이것을 실패라고 말하는 것이 결코 부끄럽지 않다. 이 실패를 겪은 후 여러 회사에서 경험을 쌓고 직접 발로 뛰면서 얻은 정보를 통해 데이터 과학자의 채용 및 활용에 생각보다 복잡한 사정이 존재한다는 사실을 알게 되었기 때문이다. 이 과정에서 회사에 다양한 데이터 분석 프로젝트를 제안·진행하며 배운 점도 많았다. 기존 사업부 직원들 중 데이터 과학의 실효성에 반신반의하는 사람도 적지 않다는 점 역시 깨닫게 되었다. 물론 데이터 과학을 업으로 삼는 사람과 그렇지 않은 사람 간의 인식 차이 및 커뮤니케이션 차이에서 발생하는 문제는 앞으로 오랜 기간 해결해나가야 할 중요한 과제이기도 하다.

데이터 과학을 둘러싼 이런 복잡한 상황들 탓인지 국내 유수의 데이터 과학 관련 교육 과정들에서도 "데이터 과학자로 취업하면 고액 연봉을 보장할 수 있다"고 강조하는 것에 비해 데이터 과학자가 회사 내에서 정확히 어떤 일을 담당하는지는 명확하게 설명하지 못하는 경우도 있었다. 그 이유는 간단하다. 데이터 과학자가 회사에서 담당하는 프로젝트와 업무는 시시각각 변하며, 그것을 한두 마디로 설명하기에는 부족하기 때문이다. 실제로 데이터 과학자들이 담당하는 업무 중 많은 부분은 업무 보안 유지와 직결되기 때문에 그 내용을 공개하기 어려운 경우가 적지 않다. 그들은 회사가 신사업 영역으로 개발하고 있는 부분에 배치되거나, 회사가 현재 최우선 과제로 생각하는 프로젝트에 소속되어 일하는 최전방의 사람들이다. 그래서 어느 곳에 가더라도 데이터 과학자가 정확히 어떤 식의 업무를 어떻게 다루는지 답변을 얻기 쉽지 않은 경우가 많다. 그래서 상대적으로 데이터 과학자와 관련된 정보가 제한적일 수밖에 없고, 이런 상황 속에서 구직자들도 기술적인 영역을 중심으로 실력을 높이려는 경우가 적지 않을 것이다.

필자의 짧은 경험을 통해 말할 수 있는 점은, 수년 후에는 데이터 과학이라는 특정 기술 분야에서 다양한 직업군의 사람들이 활약할 가능성이 점점 커질 것이라는 사실이다. 데이터를 기반으로 한 의사 결정이 중요해지면서 데이터를 효율적으로 활용하는 한편, 데이터를 기반으로 기존의 전략을 재

확인하려는 시도가 증가하고 있다. 이 과정에서 기술적 영역을 담당할 데이터 과학자 외에도 사업부와 함께 데이터 과학 프로젝트를 이끌어나갈 인재에 대한 수요도 증가하고 있다. 즉 데이터 전반에 대한 기술적 이해와 커뮤니케이션 능력을 모두 보유한 인재에 대한 수요는 언제든 있을 수밖에 없다는 뜻이다.

따라서 데이터 과학과 연결된 길이 한두 가지로 한정된다고 단정하고 불안해할 필요는 없다. 오랜 시간이 걸릴지 모르지만, 데이터를 기반으로 한 업무 문화는 정착하게 될 것이다. 이 같은 환경에서 데이터 과학 분야도 언젠가는 꽃을 피울 것이고, 데이터 과학 업무를 돕는 여러 직군(데이터 엔지니어, 데이터 관리자, 클라우드 전문가, 데이터 과학 분야 전담 프로젝트 매니저 등)의 고용도 활발해질 것이다. 지금도 이런 경향은 뚜렷해지고 있는 실정이다. 이런 데이터 과학 직업군의 변화 속에서 본인에게 맞는 길을 찾기를 바란다.

10장

머신러닝 서비스에
엔지니어가 필요한 이유

김 미 애

현재 아마존에서 소프트웨어 엔지니어로 재직 중이며, 딥러닝 기술을 기반으로 수요 예측을 하는 엔지니어링팀에서 일한다. 성균관대학교 소프트웨어학과에서 학사학위를 받았으며, 퍼듀대학교 컴퓨터·IT학과에서 석사학위를 받았다.

머신러닝에 관한 냉담한 현실

우리는 데이터 과학을 통해 데이터를 더 잘 이해할 수 있고, 데이터를 기반으로 수학, 프로그램 등을 활용하여 현실을 예측하고 설명하는 '모델'을 만들 수 있다. 모델 중에서도 머신러닝 '모델'은 사람이 직접 세부 로직을 쓰는 것이 아니라 머신러닝 프로그램이 어떠한 문제를 해결하는 규칙성을 과거의 경험(데이터)을 이용해서 찾아내고 미래의 문제를 해결하는 것이다. 머신러닝 모델은 데이터를 기반으로 동작하기 때문에 사람이 프로그래밍한 규칙보다 성능이 좋은 경우도 있고, 데이터의 성질이 일부 바뀌어도 프로그램은 그대로 두고 새로운 데이터를 학습시키는 방법으로 성능을 더 유연하게 끌어올릴 수도 있다.

하지만 실제로 머신러닝 모델이 소비자에게 쓰이는 경우는 많지 않다. IT 전문 매체《벤처비트Venturebeat》에 따르면 87%의 데이터 과학 프로젝트는 시장에 출시되지 않는다고 한다.[1] 국제데이터협회에 따르면 25%의 회사에서 절반에 해당하는 인공지능 프로젝트가 실패한다고 한다.[2] 기술 전문 기업에서도 모델을 하나 배포하는 데 8일에서 90일 정도 걸리고, 18%의 회사는 시간이 더 걸린다고 한다.[3] 왜 이렇게 인공지능 프로젝트는 현실에서 쓰이기 어려울까? 머신러닝 모델을 시장에 출시하기 어려운 이유[4]는 무엇일까?

머신러닝 모델 출시 과정

현실에서 머신러닝 모델을 쓰기 어려운 이유를 이야기하기에 앞서 이것을 출시하는 과정을 간략하게 알아보자. 첫 번째는 데이터를 수집하고 검증하는 단계다. 데이터는 실시간으로 조금씩 수집하거나 가끔 덩어리로 수집한다. 그다음에는 수집한 데이터를 분석해서 어떠한 데이터가 중요한지, 어떤 특

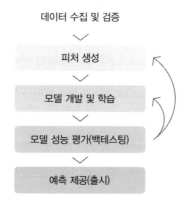

성이 있는지 분석하여 피처feature를 생성한다.

피처는 모델이 학습할 수 있게 가공한 데이터를 말한다. 원본 데이터는 소리, 이미지, 동영상, 텍스트, 숫자 등 다양한 형태일 수 있는데, 피처는 원본 데이터를 정제 및 변환해서 숫자로 표현한 것으로, 모델의 입력값으로 쓰인다. 이 단계에서 데이터를 전처리(데이터를 분석할 수 있도록 가공하는 예비적 처리)한다. 대표적으로 데이터를 정규화하는 방법이 있는데, 예를 들어 영화 평점에서 서로 다른 기준을 0과 1의 범위에 적합하도록 수정하는 것이다. 10점 만점의 점수는 10으로 나누고, 5점 만점의 점수는 5점으로 나누고, '좋아요'와 '싫어요'를 각각 1점과 0점으로 하면 모든 평점이 0에서 1 사이의 값으로 맞추어져 데이터값의 범위가 일정해진다. 감상평은 텍스트이므로 숫자로 나타내려면 감상평 대신 긍정적인 단어 숫자로 변환한다. 그렇게 전처리한 데이터 (사용자 ID, 영화 ID, 1점 만점 평점, 감상평의 긍정적 단어 수)는 ID를 제외하고 모두 숫자 데이터가 된다. 이렇게 정규화된 숫자로 데이터를 변환하는 것 또한 피처의 한 예시이다.

　세 번째 단계에서는 피처를 기반으로 모델을 만들거나 이미 만들어진 모델에 피처 데이터를 학습시킨다. 데이터의 특성과 모델의 목표에 따라서 사용하는 모델이 천차만별이고, 모델이 잘 작동하기 위해서 최적화해야 할 변수도 수십 가지다. 수많은 모델을 설명하는 건 이 글에서 다루기 어려우므로, 여기서는 모델을 '입력값으로 피처를 받아 모델의 예측값을 출력값으로 내는 함수'라고 이해하자. 물론 이는 지나치게 간소화된 정의이고 실제 모델과 다를 수 있다. 모델을 학습할 때는 비용함수(모델의 에러값을 출력해주는 함수)를 사용한다. 트레이닝할 때 모델이 낸 출력값과 실제 데이터의 값이 차이가 클수록 비용함수가 비싸진다. 모델을 트레이닝할 때는 같은 데이터로 여러 번 시도하면서 비용함수의 값을 최소화하는 방향으로 모델을 업데이트해야 한다.

데이터 과학자의
일

네 번째 단계에서는 모델 성능을 평가한다. 모델이 트레이닝하지 않은 데이터를 이용해서 예측하고, 그 예측이 얼마나 잘 맞는지를 수치로 나타낸다. 모델의 예측 성능이 만족스럽지 않으면 다른 피처를 사용하거나, 다른 설정으로 모델을 학습해야 한다. 만족하는 결과가 나올 때까지 이 과정을 반복한다. 만약 예측 정확도가 높으면 실제로 모델을 시장에 출시하고 모델의 성능이 얼마나 좋은지 모니터링하게 된다.

데이터 수집과 관리는 비싸다

머신러닝 모델 출시 과정에서 만나는 첫 번째 난관은 데이터 수집이다. 데이터 과학에서 데이터가 없으면 아무리 좋은 알고리즘을 가지고 있더라도 결과를 얻어낼 수 없기 때문이다. 모델의 역할 및 구조가 간단하여 적은 데이터로도 어느 정도 성능을 내는 경우에는 데이터를 사는 방법도 있지만, 모델의 역할 및 구조가 복잡하여 큰 데이터가 필요한 경우에 데이터를 사려고 한다면 데이터가 충분하지 않거나 데이터 가격이 너무 비싸다. 그래서 학계에서는 주로 공공 데이터 포털, 트위터 등 공개된 데이터를 사용한다. 이미 데이터를 확보한 회사를 통째로 사버리는 경우도 있다. 예를 들어 '배틀그라운드'로 유명한 게임회사 크래프톤은 커플 메신저 애플리케이션 비트윈을 인수했다. 조선비즈에 따르면 "업계는 크래프톤이 비트윈 이용자들이 주고받은 데이터를 통해 회사 딥러닝 기술을 고도화하는 연구를 진행할 것으로 보고 있다"[5]고 한다. 이렇게 데이터 때문에 회사를 인수하기도 하는데, 그만큼 데이터를 얻는 데는 많은 돈이 필요하다.

원하는 데이터를 확보했다면 이제 데이터를 이용해 피처를 만들어야 한다. 예를 들어 사용자에게 영화를 추천해주는 인공지능을 만든다고 가정해보자. 그런데 〈표 2〉처럼 영화 관련 데이터가 제각각일 수 있다. 어떤 데이터는 영화 점수가 0점부터 10점까지, 어떤 데이터는 별점으로 0개에서 5개, 어떤 데이터는 '좋아요/싫어요'로 되어 있다. 그리고 데이터가 저장된 위치도 중구난방이다. 데이터 퀄리티도 의심스러운 경우가 있다. 생일이 1월 1일인 사용자가 유독 많고, 어떤 사용자는 보지 않은 영화에 1점을 주는 경우도 있다. 데이터에 여기저기 빈 곳이 있거나, 데이터 표현 방법이 각기 다른 경우도 있다. 어떤 데이터는 합쳐진 표로 저장되어 있지만, 어떤 데이터는 각각 다른 파일에 존재할 수도 있다.

피처를 만드는 과정에서 데이터에 민감한 개인정보가 담

데이터 과학자의
일

사용자 ID	영화 ID	평점 10점 만점	별점 5점 만점	좋아요 /싫어요	감상평
낙관주의자1	기생충(2019)				몰입감 대박
비관주의자1	기생충(2019)	2.1			
낙관주의자2	기생충			좋아요	뻔한 스토리
	Parasite		★★★★☆		

졌을 경우 특히 주의해야 한다. 이름과 주소처럼 데이터 자체
가 개인정보인 경우도 있지만, 사람들이 작성하는 일반적인
감상평에 개인정보가 들어가기도 한다. 개인정보와 관련된
데이터는 모두 제거해야 한다.

만약 원본 데이터에 이미지나 소리가 있으면 데이터를 압
축하는 방법도 매우 중요하다. 규모가 작은 데이터의 전처리
는 데이터 과학자 혼자서도 할 수 있지만, 데이터 퀄리티가
중구난방이고 더 큰 규모로 모델을 학습하기 위해서는 데이
터 엔지니어와 협업해서 데이터를 대용량으로 처리하고 데이
터를 더 효율적으로 표현해야 한다.

영화 데이터를 외부에서 가져오는 것 자체가 문제일 수
있다. 예를 들어 영화 데이터 제공 사이트의 오류 때문에 지
난 6개월 동안 호러 장르에 대한 평점이 누락되었을 수도 있

다. 그리고 누락된 데이터로 모델을 트레이닝해서 실제로 서비스를 할 수도 있다. 그렇다면 이 모델은 호러 장르를 아예 추천하지 않은 채 계속 동작하고, 그것이 잘못된 줄 모르고 있을 수도 있다. 데이터로 봤을 때는 잘 동작하기 때문이다. 그러다 어느 날 외부에서 데이터를 고쳐서 작년에 빠진 호러 장르 데이터가 새로 채워졌다면, 못 보던 데이터를 갑자기 받은 모델은 예상치 못한 이상한 결과값을 낼 수도 있다. 예를 들면 장르를 기반으로 추천하지만 호러 영화 데이터를 접한 적이 없는 모델이 있다고 하자. 나중에 호러 영화 데이터를 기반으로 다른 영화를 추천하려고 할 때, 전혀 접하지 못한 데이터를 받았기 때문에 사용자의 취향과 전혀 관련 없는 영화를 추천해줄 수도 있다.

이를 방지하기 위해서 데이터를 수집할 때마다 변경 점만 반영하지 않고 매번 날짜별로 전체 데이터를 새로 저장하는 방법이 있다. 예를 들면 전체 영화 데이터를 일주일 단위로 저장하는 것이다. 2021년 10월 11일 기준의 전체 영화 데이터, 2021년 10월 18일 기준 전체 영화 데이터 등 매주 해당 시기의 데이터를 저장하는 것이다. 이 경우 어느 날 2021년 10월 15일 기준으로 다른 데이터가 들어 왔을 때, 모델이 이상한 결과값을 낸다면, 잠시 예전 데이터를 쓰면서 이상한 결과값 대신 이전과 비슷한 예측값을 얻을 수 있다. 그동안 모델을 수정해서 새로운 데이터에서도 잘 동작한다면, 그때부터 다시 최근 데이터를 사용하면 된다. 하지만 이 방법은 시간이 지날수록 수집한 데이터를 유지하는 비용이 기하급수적으로 늘어난다. 같은 데이터라도 날짜 기준점이 여럿이어서, 새로 데이터를 수집할 때마다 매번 중복된 데이터를 유지·보수해야 하기 때문이다.

머신러닝 모델은 매우 복잡하고 결과물을 설명하기 어렵다

머신러닝 모델이 예측할 때는 우리가 입력한 피처를 다 같이 섞어서 복잡한 연산을 한다. 따라서 피처 중 일부만 바꿔도 모델이 완전히 다르게 작동할 수 있다. 같은 이유로 우리가 새로운 피처를 도입하거나 기존 피처를 지울 때도 예측 결과가 일부만 바뀌는 것이 아니라 전부 다 바뀔 수 있다. 피처뿐만 아니라 모델을 학습할 때 사용했던 각종 설정, 데이터 선택 등 사소한 차이에 따라서 모델이 완전히 바뀌어 작동할 수 있다. 따라서 기존 모델의 문제점을 인지하고 그것만 고치기가 매우 어렵다. 이런 상황에서 어떻게 모델을 발전시킬 수 있을까?

이런 문제를 해결하기 위해 앙상블 기법을 쓰기도 한다.[6] 앙상블 기법이란 여러 개의 모델을 사용하고 그 예측을 결합함으로써 더 나은 결과를 도출하는 기법이다. 이미지를 공통 원소가 없는 그룹으로 분류하는 모델을 예로 들어보자. 예를 들면 [강아지/고양이/토끼]로 분류하는 모델을 발전시키기 위해 [강아지/강아지 아님], [고양이/고양이 아님], [토끼/토끼 아님]으로 분류하는 보조 모델을 함께 사용하는 것이다. 이 경우 각각의 보조 모델이 투표를 하고, 그 투표를 종합하여 여러 가지 분류를 할 수 있게 된다. 예시에서 앙상블 기법이 잘 작동하는 이유는 모델 간의 오류가 서로 연관되지 않기 때문이다. 만약 보조 모델 간의 조합에 의존해서 모델끼리 얽혀 있다면, 다시 모델의 일부분만 수정해도 완전히 다르게 작동하는 문제가 생기기도 한다. 보조 모델을 개선해도 전체적인 정확도가 악화될 수 있다.

머신러닝 모델은 복잡하게 얽혀 있기에, 머신러닝 예측 결과로 어떤 피처가 어떤 영향을 주었는지 알아내기가 매우 힘들다. 즉 머신러닝 예측 결과를 해석할 때 '왜' 이런 결과가 나왔는지 파악하기 어렵다. 예를 들어 사진을 입력받아 남자인지 아닌지 판별하는 머신러닝 모델이 있고, 테스트 데이터셋에서는 매우 잘 작동했다. 하지만 만약 남자인지 여자인지 판단할 때 단순히 아이라인 여부만으로 판단하고 있었다면, 우리는 이 모델을 사용할 수 없다. 하지만 머신러닝 모델이 아이라인 여부로 성별을 판단한다는 점을 알아내는 게 쉽지 않다. 데이터 과학자가 직접 로직을 쓰는 것도 아니고, 데이터의 모든 특성을 다 파악하기도 힘들기 때문이다. 이런 상태에서 어떻게 이 모델이 잘 작동한다고 주장할 수 있을까?

모델의 예측 결과가 어떻게 나오는지 설명 가능하다면, 모델이 잘못된 정보로 최적화한다는 사실을 미리 알 수도 있고 다른 사람들을 설득하기도 더 쉬울 것이다. 모델 결과를 설명하는 방법으로 예측 결과를 도출할 때 어떤 입력값이 중요한지 나타내는 툴을 만들기도 한다. 예를 들어 앞서 설명했던 성별을 판별하는 모델의 입력값에서 인위적으로 눈만 지우거나 눈썹만 지우는 등 수천 장의 변형된 사진을 모델에 전달할 수 있다. 그렇다면 특정 부분을 지웠을 때 모델 결과가 얼마나 바뀌는지를 확인할 수 있다.[7]

일반적으로 모델을 출시할 때는 분류 기준을 함께 설정한
다. 예를 들면 곧 출시할 메일 필터링 모델이 '스팸메일일 확
률 70%' 이상일 때 메일을 스팸으로 간주한다면, 이 모델은
70%라는 값을 분류 기준으로 잡은 것이다. 또 특정 제품군의
가격을 예측하는 모델이 이번 주에 예측한 가격 평균이 지난
주에 예측한 가격 평균보다 40% 이상 떨어지지 않을 때 유효
한 가격 예측으로 간주한다면, 여기서는 40%가 분류 기준이
된다. 이런 분류 기준은 상황에 따라 사람이 정하기 때문에,
데이터나 모델 구조를 수정하는 등 상황이 바뀐다면 분류 기
준도 매번 업데이트해야 한다.

　모델을 출시한 후에도 모델이 잘 동작하는지 모니터해야
한다. 목적에 따라 무엇을 모니터하는지에 대한 차이가 있을
뿐이다. 예를 들어 모델이 예상대로 잘 동작하는지 확인하려
면 수집하는 데이터가 올바른 데이터인지, 예측의 평균값이
어떻게 변화하는지, 결과값의 대략적인 분포는 얼마인지 등
을 모니터링해야 한다. 이 단계에서 사용자가 알아차리기 전
에 데이터나 모델의 문제를 인지하여 데이터를 수정하고, 모
델의 버그를 없애고, 모델 결과값을 수정하게 된다. 예측값에

인위적으로 개입하거나 동적으로 데이터 입력값을 수정했을 때도 그 효과를 모니터링해야 한다.

그래서 필요한 전문가, 머신러닝 엔지니어

모델을 실제로 시장에 출시할 때 겪을 만한 여러 기술적 문제와 해결책에 대해 알아보았다. 앞서 언급한 문제 이외에도 모델의 규모 확장성scalability, 모델 배포 방법 등도 현업에서 고려해야 한다. 앞서 언급한 해결책 중 상당수는 데이터 과학에서 주로 다루는 데이터 및 모델에 대한 지식만으로는 해결하기 어렵고, 엔지니어와 협업해야 한다. 예를 들면 데이터 전처리나 데이터 의존성 문제에서 큰 규모의 데이터를 다루려면 분산 시스템이 필요하다. 앙상블 기법에서는 여러 모델을 사용하기 때문에 더 큰 규모에서도 모델을 학습할 수 있도록 시스템을 설계해야 한다.

그뿐만 아니라 모델을 만들고 유지·보수를 할 때마다 새로운 엔지니어링 과제가 생긴다. 복잡하게 얽혀 있는 모델을 큰 규모에서 어떻게 평가하고 발전시킬 것인가, 모델을 재사용할 수 있도록 어떻게 추상화할 것인가, 데이터/모델/분류

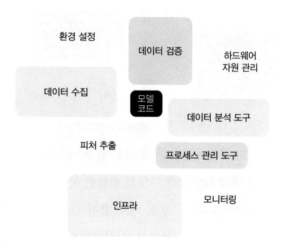

기준과 관련된 각종 설정을 어떻게 관리할 것인가 등의 문제를 해결할 수 없다면, 모델을 시장에 출시하기 어렵다. 만약 출시하더라도 유지·보수를 하지 못해 모델 예측 결과의 질이 떨어지거나 모델을 발전시키기 불가능해지기 쉽다.

〈표 3〉에서 머신러닝 시스템 중 모델 코드는 작고 검은 상자로 표시되어 있지만 실제로는 데이터를 가공하고 검증하고, 설정을 관리하고, 결과를 분석하고, 예측을 제공하고, 모니터링하는 기반 시스템이 대부분을 차지한다. 엔지니어는 위와 같은 기반 시스템을 구축하고 최적화하며, 기존 모델을

업그레이드하는 데도 크게 기여한다. 빠르게 모델을 만들고 시제품을 완성하는 것도 중요하지만, 실제로 모델을 출시하기 위해서는 정확성뿐만 아니라 모델의 유지·보수성, 규모와 기능의 확장성 또한 고려해야 한다. 그렇지 않으면 앞서 언급한 문제, 즉 잘못된 데이터 혹은 모델을 인지하지 못하고 그대로 쓰거나, 더 큰 규모에서 작동하지 않거나, 모델에 손을 대지 못해서 발전시킬 수 없거나, 새로운 기능을 추가할 수 없는 등의 이유로 더는 모델을 서비스하지 못할 수 있기 때문이다.

앞서 언급한 문제점들을 해결하기 위해 머신러닝 파이프라인을 표준화하려는 플랫폼이 등장하고 있다. 아마존 세이지메이커Amazon SageMaker, 텐서플로우 익스텐디드Tensorflow Extended, TFX 등이 그 예다. 하지만, 초기 단계이니만큼 한계가 분명한 편이다. 예를 들어 세이지메이커에서는 아마존웹서비스에 저장된 데이터를 기반으로 피처를 생성하고 모델을 학습시키고 예측을 생성하는 일을 어느 정도 자동화해주는 툴을 지원한다. 현재로서는 간단한 구조의 피처 위주로 지원하고, 예측을 생성할 때 사용자가 설정한 모든 하드웨어가 로딩될 때까지 기다려야 한다. 하지만 플랫폼이 발전을 거듭하고 머신러닝 파이프라인이 표준화되면 데이터 엔지니어의 역할도 바뀌지 않을까?

11장

공백 속에 숨은 놀라운 이야기, 결측데이터

김 영 민

계량심리학을 공부하는 미국 유학생. 성균관대학교 심리
학과에서 학사·석사학위를 받았으며, 현재 텍사스공과대
학교에서 박사과정을 밟고 있다. 주요 관심 분야는 결측
데이터 분석, 심리검사 개발 및 타당화, 성장모형 등이
다. 심리학을 공부하다가 설문조사나 심리검사 응답 자
료를 분석하는 일에 흥미를 느껴 심리측정학을 공부하기
시작하여 지금에 이르게 되었다. 유학 생활 중에도 전공
관련 저술, 번역, 강연 등을 진행하고 있다.

잃어버린 정보를 찾아가는 여정

지난주에 커피를 몇 잔이나 마셨는지 기억하는가? 일일이 기록하지 않았다면 정확하게 답변할 수 있는 사람이 많지 않을 것이다. 마치 우리가 지난주에 일어난 일 중 일부를 기억하지 못하는 것처럼, 대부분의 데이터에도 공백이 있다. 데이터 생성 과정에서 측정되지 않아 공백으로 남은 개별값들을 결측값 또는 결측치missing value라고 하며, 데이터 안에서 공백으로 남은 부분들을 가리켜 결측데이터missing data라고 한다.

결측데이터 분석은 데이터를 활용하는 거의 모든 분야에서 필수적인 절차로 자리매김하고 있다. 누군가 오후에 커피한 잔을 권할 때, 하루에 커피를 두 잔 이상 마시면 잠이 오지 않는 사람에게 오늘 오전에 커피를 마셨는지 기억해내는 일은 그날의 숙면을 위해 정말 중요한 일일 것이다. 수백 명 또는 수천 명 이상의 기록이 담긴 방대한 자료를 다룰 때도 결측데이터를 재생하거나 적절히 처리하는 일은 데이터 사용자가 중대한 의사 결정을 하는 데 꼭 필요한 일이다. 연령대별로 다른 마케팅 전략을 적용하려는 기업의 고객 데이터에서 많은 고객이 자신의 나이를 보고하지 않았다면? 부모의 교육 수준에 따라 자녀의 대학 적응 수준에 차이가 나타나는 이유를 연구하는 과정에서 일부 부모들이 자신의 교육 수준을 명기하지 않았다면? 정보가 없는 기업이나 연구자는 데이터 처리와 분석에 어려움을 겪게 되며, 분석이 진행된다 해도 적절한 처리 없이는 잘못된 결론을 도출할 수 있다. 이와 같이 결측데이터의 발생은 데이터 분석과 그에 따른 의사 결정에 지대한 영향을 끼친다.

이 글에서는 먼저 데이터 과학에서 지칭하는 결측치란 무엇인지 구체적으로 정의하고, 이러한 결측치가 왜 발생하는지 살펴본 뒤 결측치가 발생한 원인에 따라서 결측데이터를 어떻게 구분할 수 있는지 설명할 것이다. 이어서 정확하고 편향되지 않은 분석을 위해 결측치들을 처리하기 위해 일반적으로 활용되고 있는 방법들을 소개할 것이다. 마지막으로 필자의 경험을 토대로 결측데이터 처리에 대해 깊이 있게 공부하면 무엇을 할 수 있는지, 결측치를 전문적으로 다루는 데이터 과학자가 되려면 무엇을 해야 하는지 간단히 소개할 예정이다.

잃어버린 정보, 결측치란 무엇인가

결측치란 측정되지 않은 수치다. 흔히 데이터는 각 사람이나 사례를 나타내는 행과 각 변수를 나타내는 열로 표현된다. 다음 쪽의 〈표 1〉은 4명의 사람이 흡연 행동에 대한 설문조사 다섯 가지 항목에 응답한 결과를 데이터로 표현한 것이다. 각 응답자의 답변이 각 항목에 수치로 표현되어 있다.[1] 이때 2번 응답자의 '첫 흡연 연령' 항목에 대한 수치는 공백으로 남아 있는데, 이것은 응답자가 해당 질문에 답을 표기하지 않았거나 그 외에 코딩이 어려운 상황(예를 들어 응답자가 수기로 남긴 답변을 식별할 수 없는 경우)이 발생하여 공란으로 둔 것이다. 이런 경우가 결측치에 해당한다. 여기서는 결측치를 공백으로 뒀지만, 경우에 따라서는 해당 데이터에서 논리적으로는

<표 1> 흡연 행동 설문 조사 데이터 사례

응답자 번호	연령	성별	첫 흡연 연령	하루 평균 흡연량	하루 첫 흡연 시각
1	1	2	21	20	9
2	21	1		10	12
3	25	1	20		13
4	22		18	10	10

나올 수 없는 숫자(예를 들어 연령 항목에 9999로 표기)로 표기하거나 해당 없음Not Applicable(NA)으로 표기하는 경우도 있다.

〈표 1〉에서는 다양한 변수에서 결측치가 발생했기 때문에 해당 자료는 결측데이터가 포함된 자료라고 할 수 있으며, 이런 자료를 불완전한 자료incomplete data라고 지칭하기도 한다. 흡연 행동을 조사하고 싶었던 연구자는 단서의 일부를 잃고 말았다. 왜 이런 경우가 발생했을까?

무엇이 결측데이터를 발생시키는가

대부분의 데이터에는 하나 이상의 공백이 있다. 즉 상당수의 자료는 결측치를 포함하고 있다. 예를 들어 필자가 직접 진행한 설문조사에서 한 응답자는 설문지에 답변을 적다가 지인의 연락을 받고 갑자기 설문지가 너무 길다며 반 정도만 답변한 설문지를 돌려주고 교실을 떠났다. 어떤 응답자는 세 가지 제품에 대해 평가해달라는 내용을 잘못 이해하고, 한 가지 제품에 대한 점수만 매겨서 제출했다. 이처럼 설문조사에서는 응답 거부나 내용에 대한 이해 부족으로 무응답이 발생하는 경우가 많다.

한 사람의 데이터를 지속적으로 측정해야 하는 연구에서 중도 탈락하는 경우가 많다는 것도 결측치 발생의 원인이 된다. 중간고사나 과제 성적에 낙담한 대학생이 기말고사장에 나타나지 않았다면 이 학생의 기말고사 답안도 결측치가 된다. 물론 시험을 반쯤 보고 포기한 학생이 후반부는 답을 적지 않고 제출해도 이 문항들은 결측치로 남는다. 임상시험 중 참가자가 질병, 사망 등으로 더는 참여할 수 없게 된 경우도 결측데이터를 발생시키는 사례다.

사람에 의해 측정되지 않는 경우에도 결측치는 발생한다. 인터넷을 통해 자동으로 수집되는 데이터 또한 시스템 오류, 관리 소홀, 해킹 등의 사유로 데이터가 손실되거나 불완전하게 관측되는 경우가 빈번하게 나타나며, 심지어 반도체와 같은 제품의 제조 공정에서도 기계적 결함으로 인해 결측치가 발생할 수 있다. 이처럼 결측치란 인간의 선택에 따라 발생하기도 하고 인간이 통제하기 어려운 상황으로 인해 발생하기도 한다.[2]

통계학에서는 이렇게 결측치가 발생하는 근원적 원리를 크게 세 가지로 분류한다.[3] 각각을 이해하는 것은 결측데이터를 처리하는 적절한 방법을 결정하는 데도 영향을 주기 때문에 간략하게 소개하겠다.

먼저 어떤 변수의 결측이 무작위적으로 발생하여 어떤 값이 빠진 이유가 데이터 안의 다른 변수와는 관련이 없는 경우를 가리켜 완전무선결측missing completely at random(MCAR)이라고 한다. 마치 사람들을 모을 때 무작위적으로 모으면 키가 크든 작든 상관없이 골고루 모이는 것과 마찬가지다. 어느 신체검사에 결석한 사람들이 알고 보니 키가 큰 사람도 있고 작은 사람도 있는 등 현실과 비슷하게 다양하다면, 이 신체검사의 결석은 완전 무선적으로 발생한 것이다. 또 다른 예로 중학교 입학 후 첫 학기에 보는 모의고사 날 일부 학생이 결석했다면 이는 시험에서 측정하고자 하는 학업 능력과 관련 없는 사유일 가능성이 높다. 해당 학생의 결석 사유는 건강, 사고, 집안 사정, 등교 거부 등이 있지만 이런 내용은 학생이 연락하지 않으면 알려지지 않는 경우도 많으며, 애초에 모의고사 결과는 내신 성적에 반영되지 않는다. 결측된 학생들이 특별히 성적이 높거나 낮은 경향성을 보이는 것도 아니다. 즉 이 결측은 첫 모의고사 결과라는 자료의 어떤 변수와도 관련 없이 발생한 것이며, 학생의 성적 수준과도 관계없이 발생한 것이다. 이 경우 모의고사 점수의 결측은 완전무선결측의 원리로 발생했다고 할 수 있다. 다만 실제 자료에서 발생되는 결측은 자료 내 관찰된 변수 또는 관찰되지 않은 변수와 관련성이 있는 경우가 대부분이기 때문에, 완전무선결측의 사례는 드물게 나타나는 편이다.

반면 어떤 변수의 결측이 무작위적으로 발생했지만, 특정 값이 누락된 이유가 다른 관찰 자료와 관련이 있고, 결측된 자료와는 관련이 없는 경우를 무선결측missing at random(MAR)이라고 한다. 이 경우는 결측이 일어난 원인을 이미 가진 정보만으로 설명할 수 있다. 가령 주기적으로 수행하는 학업성취도 검사에서 경제 수준이 낮은 집안의 학생들에게서 결측이 발생하는 경우가 많고[4] 이들의 결시 여부가 (결측된) 학업성취도와는 상관이 없을 때, 즉 성적이 높은 학생도 낮은 학생도 모두 결시 가능성이 있다면 이는 무선결측이라 할 수 있다. 이때 결시 여부는 경제 수준이란 변수로 충분히 설명된다. 또 다른 예로 성교육 계획을 짜기 위해 청소년 성행동 설문조사를 했는데, 일상적으로 종교 활동이 활발한 청소년들이 성행동 관련 질문에 응답하지 않은 경우가 많다면, 이 또한 무선결측이다. 종교 활동이란 변수의 수치가 높을수록 결측이 발생할 확률이 높기 때문이다. 모두 자료 내 다른 변수를 활용하여 결측의 원인을 설명할 수 있다.

만일 공백이 발생한 이유가 결측된 자료와 관련된 경우 또는 관찰된 변수와 결측된 자료 모두와 관련된 경우는 비무선결측missing not at random(MNAR)이라 한다.[5] 앞의 표에서 3번 응답자의 하루 평균 흡연량에 결측이 발생한 이유가 해당 응답자가 흡연량이 너무 많아서 응답을 거부했기 때문이라면, 결측데이터 자체가 결측 여부에 영향을 미쳤다고 볼 수 있다. 즉 세 번째의 행 속 공백에 숨어 있는 3번 응답자의 하루 평균 흡연량이 너무 높았던 것이 결측 발생을 야기한 것이다. 마찬가지로 학업 능력이 좋지 않은 학생들이 시험이나 과제를 제출하지 않은 경우, 고객만족도 조사에서 주로 만족도가 낮은 고객이 응답을 거부한 경우 또한 비무선결측의 사례라고 볼 수 있다.

결측데이터가 완전무선결측과 무선결측의 원리로 발생한 경우에는 후술할 방법 중 일부를 적절히 적용하여 분석을 진행하면 편향되지 않은 결과를 산출해낼 수 있다. 반면에 비무

데이터 과학자의
일

선결측의 원리로 결측이 발생했을 때 결측이 발생한 근원을 감안하지 않고 분석하면, 찾고자 하는 변수 간의 관계를 정확하게 추정하기 어렵다. 전교생이 300명인 학교에서 100명의 하위권 학생이 시험에 모두 결석한 극단적인 비무선결측 상황을 가정해보자. 이 학교에서 나머지 200명만을 대상으로 내신 성적과 대학 진학률의 관계를 설명한다면, 이를 정확하다고 할 수 있을까? 따라서 비무선결측 처리 과정에는 일괄적으로 적용할 수 있는 가이드라인에 따라 진행되기보다 상황에 따라 세부적으로 적용할 수 있는 별도의 방법이 있다.[6] 즉 비무선결측의 원리에 따라 발생한 결측데이터는 상대적으로 더 복잡한 방식으로 처리해야 한다. 문제는 실제로 수집된 데이터에서 발생한 결측데이터는 완전무선결측으로 인해 발생한 경우는 거의 드물고, 비무선결측으로 인해 발생했을 가능성이 높다는 것이다.

이와 같이 결측데이터가 발생하는 원리는 이미 체계적으로 분류되어 있지만, 이것은 단지 결측데이터가 어떻게 발생하는지에 대한 이론적인 설명일 뿐이다. 실제 현장에서는 수집된 데이터만으로는 어떤 원리로 결측이 발생했는지 확인하기가 어렵다. 선입견을 버리고 데이터를 보자. 표의 3번 응답자가 흡연량이 많은 사람인지 어떻게 알 수 있는가? 시험에 결석한 학생이 아팠는지, 낮은 성적이 두려워 응시를 포기했는지 공백의 정보를 보고 어떻게 알 수 있는가? 이처럼 결측이 발생한 원인은 데이터 자체만 봐서는 알기 어려운 경우가 많다. 따라서 데이터 과학에서는 데이터를 수집하기 전에 데이터를 모으는 과정의 적절한 설계, 계획 및 운영을 통해 비무선결측의 가능성을 최소화하고[7] 이후 수집된 데이터의 결측데이터는 무선결측의 원리로 발생했을 거라고 가정하고 분석하는 경우가 많다.

결측데이터를 어떻게 처리하는가

그렇다면 결측데이터를 처리하는 방법은 무엇일까? 이번에는 결측데이터를 처리하는 데 일반적으로 활용되는 방법들을 간단히 소개하고자 한다. 이 중에는 연구를 설계하고 데이터 수집하는 단계에서 할 수 있는 일들도 있으며, 이는 이 장의 다른 곳에서 간단히 언급된 것도 있다. 다만 이 절에서 모두 소개하기에는 내용이 장황해질 수 있으니, 여기서는 데이터가 수집된 후에 통계적으로 처리할 수 있는 방법을 중점적으로 살펴보겠다.

데이터 과학에서 결측데이터를 처리하는 방식에는 크게 제거법, 대체법 그리고 모형 기반 접근법[8]이 있다. 첫째로 제거법은 결측이 발생한 케이스의 일부 또는 전체를 제외하고 분석하는 방법이다. 일률제거법listwise deletion은 하나의 케이스에서 변수가 하나라도 측정되는 경우 일률적으로 데이터에서 제거하고 분석하는 방법이다. 즉 한 케이스가 모든 변수를 완전히 측정한 경우만 데이터에 포함시켜서 분석하는 방법으로, 완전케이스분석complete case analysis이라고 부르기도 한다. 예를 들어 〈표 1〉에서 완전한 케이스는 1번 응답자뿐이므로, 나머지 응답은 모든 분석에서 일률적으로 제외된다. 이 방법은 편리할 뿐 아니라, 불완전한 케이스를 모두 제거하기 때문에 결과적으로 완전한 데이터로 분석한다는 장점이 있다. 그러나 이 일률제거법이 타당한 결과를 산출하려면 결측치가 완전무선결측에 의해 발생했다는 가정이 필요하며, 무선결측이나 비무선결측 상황에서는 편향된 결과를 얻을 수 있다. 행여 완전무선결측 가정이 성립한다 해도, 분석에서 그만큼의 표본 수를 잃게 되는 것은 큰 손실[9]이다.

대응제거법pairwise deletion은 가용케이스분석available-case analysis이라고도 하는데, 해당 분석에 대상이 되는 변수 중 하나에 결측이 있는 케이스들만 분석에서 제외하는 방법이다.

〈표 1〉에서 첫 흡연 연령과 하루 평균 흡연량의 관계를 조사하려면 둘 중 하나의 변수에 응답하지 않은 2번과 3번 응답자는 제외해야 하지만 1번과 4번 응답자는 분석에 포함할 수 있다. 4번 응답자의 경우 성별 항목에는 응답하지 않았지만, 성별은 이번 분석의 대상이 아니다. 대응제거법 또한 일률제거법에 비해 두 변수의 관계를 조사할 때만큼은 표본 수를 유지할 수 있다는 장점이 있지만, 마찬가지로 완전무선결측의 가정을 필요로 하며 분석에 포함된 변수가 많아질수록 결국 일률제거법과 같은 결과를 얻게 된다.[10]

두 번째로 대체법은 결측된 부분에 어떤 타당한 수치를 채워 넣는 방식이다. 다시 말해서 결측된 변수와 다른 변수와의 관계 또는 결측치와 다른 측정치와의 관계를 통해 대체하는 방법이라고 할 수 있다. 대체법은 크게 결측된 부분을 한 번 채워서 완전한 데이터로 만드는 단일대체법single imputation과 여러 번 다양한 값으로 채운 다음에 분석하는 다중대체법 multiple imputation이 있다. 이 중 최근에는 다중대체법의 활용이 증가하는 추세다.

단일대체법 중 가장 범용되는 것은 한 변수의 결측치를 모두 하나의 값으로 대체하는 일괄대체법과 자료 내 다른 변수와의 관계를 바탕으로 다양한 값으로 채워 넣는 회귀대체법이다.[11, 12] 일괄대체법의 대표적인 사례로는 평균대체법과 중앙값대체법이 있다. 이 중 평균대체법은 결측된 부분을 모두 평균으로 채워 넣는 방식으로, 제거법 이상으로 편리하기 때문에 널리 쓰이고 있다. 다만 직관적으로도 이 방식은 문제가 많다. 내가 응답하지 않은 부분이 다른 사람들의 응답에 의해 결정되기 때문이다. 어느 설문조사에서 소득이 높은 사람들과 소득이 낮은 사람들이 모두 각자의 이유로 소득 항목에 응답하지 않았다면, 그 사람들의 응답을 모두 평균 소득으로 대체해야 하는가? 〈표 1〉에서 3번 응답자의 하루 흡연량을 평균으로 대체할 경우 약 13개비가 된다. 그런데 이 응답자는 하루 중 흡연을 시작하는 시간은 2번, 4번 응답자보다 늦은 오후 1시다. 그럼에도 그들보다 하루에 담배를 더 많이 피울 수도 있지만, 이 수치가 과연 정확할지는 논란의 여지가 있다. 무엇보다 평균대체법은 소득의 사례에서도 볼 수 있듯이, 한 가지 숫자로 모든 공백을 채우기 때문에 변수의 변동성variability를 더욱 좁히며, 이는 상관계수를 낮추기도 한다. 결국 평균대체법은 결측치의 발생 원인이 무엇이든 편향된 분석 결과를 산출한다. 결측된 부분을 평균값이 아닌 중앙값으로 대체하는 중앙값대체법 또한 평균대체법과 마찬가지로 편향된 분석 결과를 산출한다.

회귀대체법은 결측된 부분에 들어갈 수치를 해당 케이스 내 다른 변수들과의 관계를 바탕으로 예측하여 대체하는 방법이다. 이를 직관적으로 설명하면 앞서 〈표 1〉의 사례에서 3번 응답자의 하루 흡연량은 평균으로 대체하는 방법도 있지만, 다른 연령, 성별, 첫 흡연 연령 그리고 하루 첫 흡연 시각을 바탕으로 예측해볼 수도 있다.[13] 이 방법의 단점 또한 해당 변수의 변동성이 넓지 않다는 것이다.[14] 〈표 1〉의 사례로 설명하면 이 방법을 적용했을 때 25세 남성 중 20세 때부터 흡연을 시작했고, 오후 1시경에 하루 첫 흡연을 하는 사람은 모두 하루 흡연량이 같게 된다. 따라서 데이터 분석의 목적이 각 변수의 평균을 산출하는 정도라면 이 방법도 쓸 수 있지만, 만일 분산이나 상관계수가 필요한 분석에서는 편향된 결과가 나올 수 있다.

다중대체법은 단일대체법을 확장 및 보완하는 과정에서 고안된 방법이다. 이 방법은 하나의 공백에 수치를 여러 번 대입하여 공백 없는 자료를 여러 개 생성한 다음, 각각에 대하여 별도의 분석을 진행한다. 이후 자료의 수만큼 산출된 추정치를 결합하는 과정을 거쳐 하나의 추정치를 도출하는 것으로 대체 과정이 완료된다. 이 방법의 장점은 단일대체법과 달리 여러 대체값으로 분석하여 결과를 산출하기 때문에 변수의 변동성이 적게 추정되는 일이 개선되며, 무엇보다 분석의 결과가 상대적으로 일관되고 정확하다는 것이다. 이에 따라 이어서 소개할 최대가능도법과 함께 최근 가장 많이 활용되고 있다.

모형기반 접근법의 대표적인 사례로는 최대가능도법 maximum likelihood[15]이 있다. 이 방법은 결측치가 포함된 자료를 제외하거나, 결측된 부분을 채우는 것이 아니라 분석 모형에 포함된 모든 관찰 변수를 활용하여 모수를 추정하는 것이다. 이 방법에서는 응답자 전원의 자료가 분석에 포함되지만, 각각의 공백을 특정값으로 채우지도 않는다. 〈표 1〉에서 첫 흡연 연령 등 일부 변수에 누락이 있음에도 최대가능도법으로 통계적 추정에 들어가면, 남은 정보만으로 응답 표본을 저렇게 산출하게 만들었을 가능성이 가장 높은 모수를 추정할 수 있다. 최대가능도법을 적용할 경우 다중대체법과 마찬가지로 편향이 적고 안정된 결과를 도출해낼 수 있다.

정리하자면 다중대체법과 모형기반 접근 중 최대가능도법은 현재 가장 널리 사용되는 결측치 처리 방식이며[16] 조건이 충족되면[17] 두 가지 방법에서 모두 편향되지 않은 추정치를 얻을 수 있는 것으로 알려져 있다. 다만 다중대체법은 여러 번의 대체 과정을 거치는 방법이기 때문에, 기본적으로 절차가 오래 걸린다는 단점이 있는 반면, 최대가능도법은 분석 과정 속에서 결측치를 처리하기 때문에 더욱 편리하다는 장점이 있다. 하지만 최대가능도법을 시행한 결과에서는 자료의 결측치가 그대로 남아 있기 때문에 추가 분석에도 결측치 처리를 해줘야 하는 반면, 다중대체법은 한번 결측치를 대체하여 완전한 자료를 확보한 경우, 해당 완전 자료를 다양한 분석에 그대로 활용할 수 있다는 장점이 있다.

이와 같이 결측치를 처리하는 방식을 크게 세 가지로 안내하였다. 현재까지 연구된 바에 따르면 모든 상황에서 가장 좋은 성능을 보이는 한 가지 방법이 정해져 있는 것이 아니다. 특히 표본의 수가 적거나 다중대체에서 대체 횟수가 적은 경우에는 최대가능도법이나 다중대체법도 한계가 있는 것으로 알려져 있다. 따라서 자신이 확보한 데이터, 모형, 조건에 맞게 알맞은 방식을 선택해서 적용하는 것이 무엇보다 중요하다.

결측데이터 분석자가 되려면

데이터 과학 분야에서 일반적으로 결측데이터 전문가의 포지션이 따로 있는 것은 아니지만, 모든 데이터 과학자나 데이터 분석가는 결측데이터 분석에 대해서 일정 수준 이상 훈련되어 있어야 한다. 이 글에서 소개한 다양한 사례처럼 결측치가 적절히 처리되지 않는 경우, 데이터 과학에 기반한 의사 결정 자체가 위험할 수 있기 때문이다. 선거 예측 여론조사에서 일부 응답자가 정당이나 후보 지지율에 응답하지 않은 경우, 이 부분을 적절히 처리하지 않는다면 유권자 입장에서도 자신의 선택을 위한 정확한 정보를 얻을 수 없으며, 각 정당은 잘못된 전략을 세울 수 있다.[18] 이와 같이 분야를 막론하고 데이터 과학이 필요한 곳에는 결측데이터 분석 능력이 있는 사람이 필요하다고 할 수 있다.

필자처럼 대학에서는 심리학이나 교육학을 공부하다가 석박사 과정에서 결측데이터 분석에 관심을 갖게 되면 다양한 장점이 있다. 필자는 현재 교육학과 소속으로 결측 자료 분석에 관한 박사학위 논문을 쓰고 있다. 우선 심리학이나 교육학에서는 응답자가 질문지 또는 검사지에 자기 자신의 판단을 직접 명시하는 자기보고법으로 데이터를 모으는 경우가 많기 때문에 응답자가 질문을 건너뛰거나 답변을 거부하는 형태로 결측데이터가 빈번하게 발생한다. 따라서 전공 공부를 위한 실습이나 교수와 함께하는 전공 관련 프로젝트 수행 과정에서 결측데이터 분석에 대한 실용적인 방법을 익힐 수 있는 기회가 많다.

교육학이나 심리학만이 아니라 의학, 생물학, 행정학 등 다양한 분야에서도 결측데이터 분석이 필요하다. 이 때문에 필자는 소속 교육대학이나 재학 중인 학교 외에 다른 연구자와도 몇 차례 공동으로 프로젝트를 수행할 기회를 가질 수 있었다. 심리검사 자료 분석을 통해 경험을 쌓았기 때문에 다른 종류의 데이터를 다루는 프로젝트에도 참여할 수 있던 것이다. 물론 그런 기회는 비단 결측데이터에 대한 역량만이 아니라 통계적 분석 역량도 일부 보유하고 있기 때문에 주어졌을 수도 있다. 다만 프로젝트를 수행하면서 거의 모든 분야에서 결측데이터의 처리가 주된 고민거리라는 것을 알 수 있었다.

결측데이터 분석에 대한 전문성은 이것을 목표로 하기보다는 데이터를 다루는 일을 하다 보면 자연스럽게 생긴다고 생각한다. 일단 결측데이터를 적절하게 처리하고자 한다면 여느 데이터 과학 분야와 마찬가지로 일정 수준 이상의 통계학 지식이 필요하다. 앞서 등장한 평균이나 분산, 변동성 등을 이해해야 하며, 회귀분석과 같은 기초적인 통계방법론도 숙지해야 한다. 다중대체법이나 최대가능도법에 대해서도 통계 관련 수업을 들으면 더욱 자세히 공부할 수 있다. 물론 각방법을 현장에서 쓸 수 있으려면 대학원 수준 이상의 수업까지 듣는 것이 좋다. 또한 설문지법이나 실험법 등 데이터를 모으는 과정에 대해서도 지식이나 현장 경험을 쌓아야 한다. 필자는 주로 그런 방법으로 수집된 자료를 분석해봤기에 각 방법으로 측정할 때 결측치를 어떻게 예방하거나 사후에 처리할 수 있는지 판단하는 안목이 생겼지만, 자신의 분야에서 다른 측정 방법이 주로 활용되고 있다면 해당 방법론도 공부하고 경험을 쌓아야 할 것이다. 만약 다양한 결측치 처리 방법들을 자유자재로 활용하고 싶거나 결측데이터 분석에 대한 시뮬레이션 연구를 해보고 싶다면 컴퓨터 프로그래밍에 대한 역량도 어느 정도는 필요하다.

필자 역시 처음부터 결측데이터 분석을 전문적으로 공부하고 싶었던 것은 아니다. 대학에서 심리학으로 전공을 선택한 후, 심리학과에서 실험도 해보고 설문조사도 해보는 과정에서 숫자로 모인 자료를 통계적으로 분석하는 일에 흥미를 느끼게 되었다. 그래서 심리학 내에서 통계를 깊이 공부할 수 있는 계량심리학 전공으로 대학원에 진학하고, 회귀분석이나 구조방정식모형 같은 방법론 수업들을 듣고, 석사학위 논문에서는 실제로 심리검사 개발에 통계적 방법론이 어떻게 적용되는지 서술했다. 필자의 통계적 역량은 대부분 이때 기초가 형성됐다. 석사 과정 시절부터 데이터 분석과 관련된 다양한 프로젝트를 수행했으며, 어느 기관에서 고객만족도 조사 자료를 분석하는 일에 몇 년간 종사하기도 했다. 실무에 종사하다 보니 대부분의 데이터에 결측치가 있다는 것을 실감하기도 했다. 박사학위 과정에 진학할 때 지도교수가 발달심리학과 종단자료 분석에 전문성이 있었기 때문에, 해당 부분들을 공부하고 싶어서 함께하게 되었는데 종단자료에서는 중도 탈락의 케이스가 빈번하여 결측치 분석 연구가 필수적이었다. 이렇게 필자는 많은 계기와 경험이 축적되면서 결측데이터에 깊이 발을 들이게 되었다. 이 글을 읽는 독자 중 일부도 데이터 과학에 관심을 두고 공부하다 보면 어느 순간 결측데이터 분야를 중점적으로 다루게 될지 모른다.

결측데이터가 말해주는 것들

데이터를 대하는 일부 사람들은 결측데이터가 발생하는 것을 부정적으로만 생각한다. 물론 결측데이터가 많아지는 경우는 피해야 하지만, 결측데이터가 발생하는 것을 강박적으로 통제할 필요는 없다. 아니, 사실 그래서는 안 된다.[19] 많은 경우 정직한 반응으로 나타난 결측치는 거짓된 반응보다 의미 있는 정보를 제공해줄 수 있기 때문이다. 회사에서 직원만족도 조사를 하는데, 설문조사 안내 이메일을 사장이나 부서장이 보냈다고 생각해보자. 이 경우에 더 의미 있는 정보는 부담을 느낀 일부 직원이 매우 만족했다고 답변한 것보다 응답을 거부하거나 무응답으로 둔 직원의 답일 수도 있다.

하지만 조사 과정에서 결측데이터가 발생하는 걸 방지하려 충분히 노력하지 않으면 데이터의 손실을 가져올 수 있다. 어느 프로젝트에서 학교 상담사들을 대상으로 학교에서 일하면서 경험한 우울감이나 스트레스를 조사했는데, 일부 문항에서는 30%에 가까운 무응답이 발생했다. 결측된 부분을 추정값으로 대체해본 결과, 응답하지 않은 상담사들은 일하면서 많이 우울했거나 심한 스트레스를 경험했던 사람들일 가능성이 높았던 것으로 확인되었다.[20] 이 분석 결과가 흥미롭긴 하지만,[21] 이러한 무응답은 조사 진행 과정에서 예방할 수 있다. 상담사들이 본인들의 높은 직무 스트레스가 학교 측에 알려지는 걸 우려해서 응답하지 않았을 수도 있기 때문에, 개개인의 응답을 철저히 익명으로 처리하고 분석을 진행하는 연구자 외에 누구도 열람할 수 없다는 안내가 필요하다.

예전에는 결측데이터를 어떻게든 피하고 분석에서 제외해야 할 대상으로만 여겼다. 그러나 데이터 과학이 점차 발전하면서 결측데이터를 다루는 방법 또한 점점 개선·발전하고 있다. 사회과학에서는 결측치를 제거하는 방법보다 대체법이나 최대가능도법의 활용이 증가하고 있으며, 최근에는 데이터 마이닝을 적용한 방법 또한 다양한 분야에 도입되고 있다.[22] 향후에도 필자를 비롯해서 학계에서는 결측데이터를 주요 관심 주제로 두고 연구하는 사람들을 통해 데이터 과학 중에서 결측데이터는 핵심적인 주제로 다루어질 것이다. 애초에 데이터 과학을 다루는 이 책에서 결측데이터 분야를 다룬다는 것도 이 분야가 얼마나 활발히 연구되고 있는지 말해준다. 현장에서도 데이터 과학자들은 꾸준히 결측치라는 공백을 마주하며 진실에 다가가고 있으며, 나름의 방법론을 지속적으로 발전시키고 있다. 이제는 공백에 숨겨진 정보를 모두 잃어가며 분석하지 않아도 되는 것이다.

1장 | 통계학, 가장 오래된 데이터 과학

1 예를 들어 실험철학experimental philosophy, 실험미학experimental aesthetics이라는 분야가 있다. 이들 분야에서도 데이터를 적극적으로 활용한다.

2 '플라시보placebo'라고도 부른다.

3 데이터 과학(통계학)에서는 이를 '표집오차sampling error'라고 부른다.

4 구체적인 내용은 '모비율 차이 검정independent proportions test'을 검색하여 확인하기 바란다.

5 이를 '영가설' 또는 '귀무가설'이라고 부른다.

6 https://en.wikipedia.org/wiki/Power_posing

7 https://www.npr.org/2016/10/01/496093672/power-poses-co-author-i-do-not-believe-the-effects-are-real

8 민감도는 병이 있는 사람을 제대로 양성으로 진단할 확률이고, 특이도는 병이 없는 사람을 음성으로 진단할 확률이다. 민감도와 특이도 모두 질병의 진단 절차 및 도구의 특성이다.

9 자세한 내용은 'penalized regression' 또는 'regularization'을 검색하여 확인하기 바란다.

1   W. Zeng and R. L. Church, "Finding shortest paths on real road networks: the case for A*", *International Journal of Geographical Information Science*, 23(4), 2009, pp.531-543.

2   머신러닝의 기초인 선형대수학에 대해 공부하고 싶다면 다음 책을 읽어볼 것을 권한다. Gilbert Strang, *Introduction to Linear Algebra*, 5th Edition, Wellesley-Cambridge Press, 2016.

3   딥러닝에 대해 심층적으로 공부하고 싶다면 다음 무료 온라인 교과서를 살펴볼 것을 권한다. https://www.deeplearningbook.org/

4   https://blogs.nvidia.com/blog/2016/01/12/accelerating-ai-artificial-intelligence-gpus/

5   문장의 문맥까지 이해하고 표현할 수 있는 딥러닝 기반 자연어처리 모델 발전 가속화에 'BERT' 모델이 상당히 기여했다. https://arxiv.org/pdf/1810.04805.pdf

6   https://arxiv.org/abs/1503.02531.pdf

7   https://arxiv.org/pdf/1712.05877.pdf

8   https://www.mturk.com/

9   https://scale.com/

10 https://arxiv.org/pdf/1810.10863.pdf

11 https://arxiv.org/pdf/1808.09381.pdf

4장 | 게임, 가장 풍부한 데이터가 뛰노는 세상

1   예를 들어 엔씨소프트의 대표작 '리니지'는 처음 출시된 지 20년이 넘었는데, 지금까지 수십 차례의 업데이트가 진행되어 초창기와 상당히 다른 모습으로 바뀌었다.

2   보통 시스템 버그 수정을 위한 로그와 데이터 분석을 위한 로그를 별도로 구분해서 남긴다.

3   눈치 빠른 독자는 짐작했겠지만, '왜'에 대해서는 기록을 남길 수 없다. 이를 과

악하는 것은 데이터 분석가의 몫이다.

4 이를 위한 방법 중 하나는 선형 회귀 모델을 만드는 것이다.

5 게임 세계에서 매크로나 핵 프로그램을 이용하는 것은 스포츠 세계에서 도핑 행위와 비슷하다.

6 도메인 전문가가 불필요하다는 이야기는 아니다. 도메인 전문가와 협업을 통해 업무를 지원하는 형태를 의미한다.

7 Lee, E., Woo, J., Kim, H., & Kim, H. K., "No silk road for online gamers! using social network analysis to unveil black markets in online games", *Proceedings of the 2018 World Wide Web Conference*, 2018, pp.1825-1834.

8 Lofgren, Eric T., and Nina H. Fefferman, "The untapped potential of virtual game worlds to shed light on real world epidemics", *The Lancet Infectious Diseases* 7(9), 2007, pp.625-629.

9 Kang, A. R., Blackburn, J., Kwak, H., & Kim, H. K., "I would not plant apple trees if the world will be wiped: Analyzing hundreds of millions of behavioral records of players during an MMORPG beta test", *Proceedings of the 26th International Conference on World Wide Web Companion*, 2017, pp.435-444.

10 Brian Keegan, Muhammad Aurangzeb Ahmed, Dmitri Williams, Jaideep Srivastava, and Noshir Contractor, "Dark gold: Statistical properties of clandestine networks in massively multiplayer online games", *Proceedings of the 2nd International Conference on Social Computing*. IEEE, 2010, pp.201-208.

11 Richard Heeks, "Understanding 'gold farming' and real-money trading as the intersection of real and virtual economies", *Journal For Virtual Worlds Research* 2, 4, 2009.

12 https://ko.wikipedia.org/wiki/바츠해방전쟁

5장 | 야구에서 출루율이 중요해진 데이터 과학적 이유

1 메이저리그는 팀이 많아(30팀) 아메리칸리그와 내셔널리그로 나누어 정규 시즌을 치른다.

2 여담으로 메이저리거 추신수의 최대 장점이 바로 높은 출루율이었다.

3 이 분석은 다음 논문을 기초로 한다. Hakes, J. K. & Sauer, R. D., "An economic evaluation of the Moneyball hypothesis", *Journal of Economic Perspectives*, 20(3), pp.173-186, 2006. 회귀분석에 사용된 모든 데이터는 retrosheet.org에서 무료로 다운받을 수 있다.

4 데이터(N=150)는 5년 동안 메이저리그 각 30팀의 승률, 출루율, 장타율과 같은 지표가 포함되어 있다. 회귀모형과 변수들은 모두 통계적으로 유의하다.

5 변량은 쉽게 말해 자료가 평균을 중심으로 분포되어 있는 정도를 뜻한다. 즉 R^2 는 독립변수가 종속변수의 변화를 설명·예측하는 정도를 가리키는 수치다.

6 네 번째 회귀모형에 사용된 영가설은 '출루율과 장타율의 계수가 같다'이고, 분석의 목표는 통계적 확률을 계산해 이 가설의 기각 여부를 결정하는 것이다.

7 앞선 승률 회귀모형과 또 다른 점은 데이터 분석 단위가 팀이 아닌 선수 개인의 기록이라는 점이다.

8 연봉의 제곱을 사용하였다.

9 머니볼 시대 전후의 회귀모형표 등 관련 통계는 아래와 같다.

(1) 머니볼 이전 시대의 적합된 회귀모형(1994~2000)

	1994	1995	1996	1997	1998	1999	2000
(Intercept)	12.22 ***	9.72 ***	11.01 ***	12.08 ***	9.52 ***	9.94 ***	11.64 ***
	(1.06)	(1.10)	(1.36)	(1.06)	(1.01)	(0.91)	(0.86)
OBP	-1.97	2.08	-0.74	2.40	3.90	2.04	0.52
	(2.19)	(2.14)	(2.48)	(1.91)	(1.84)	(1.86)	(1.85)
SLG	3.52 **	3.22 **	4.58 ***	2.75 **	2.51 *	2.20 *	3.30 ***
	(1.32)	(1.10)	(1.33)	(0.97)	(1.05)	(0.85)	(0.87)
PA	0.00 ***	0.01 ***	0.00 ***	0.00 ***	0.00 ***	0.00 ***	0.00 ***
	(0.00)	(0.00)	(0.00)	(0.00)	(0.00)	(0.00)	(0.00)
Exp	-0.07	0.06	0.04	-0.14	0.16	0.24	0.06
	(0.16)	(0.16)	(0.20)	(0.16)	(0.15)	(0.13)	(0.12)
Exp2	0.00	-0.00	-0.00	0.01	-0.01	-0.01 *	0.00
	(0.01)	(0.01)	(0.01)	(0.01)	(0.01)	(0.01)	(0.01)
factor(POS)2B	-0.22	-0.82 *	-0.16	-0.44	-0.08	-0.22	-0.30
	(0.32)	(0.37)	(0.35)	(0.26)	(0.28)	(0.23)	(0.21)
factor(POS)3B	-0.18	-0.29	-0.38	-0.52	-0.06	0.25	-0.12
	(0.31)	(0.30)	(0.35)	(0.27)	(0.28)	(0.22)	(0.22)
factor(POS)C	-0.10	-0.06	0.05	0.30	0.12	-0.06	-0.11
	(0.30)	(0.32)	(0.32)	(0.26)	(0.25)	(0.23)	(0.21)
factor(POS)DH	-0.10	-0.54	0.30	-0.43	-0.20	0.21	-0.31
	(0.35)	(0.40)	(0.41)	(0.29)	(0.29)	(0.24)	(0.26)
factor(POS)OF	0.13	-0.35	-0.02	-0.09	0.05	0.12	-0.05
	(0.24)	(0.27)	(0.27)	(0.21)	(0.21)	(0.18)	(0.17)
factor(POS)SS	0.24	-0.11	0.79 *	0.36	-0.03	0.43	-0.09
	(0.30)	(0.34)	(0.36)	(0.29)	(0.28)	(0.25)	(0.24)
N	117	110	118	135	150	147	149
R2	0.48	0.56	0.46	0.57	0.57	0.65	0.58

*** $p < 0.001$; ** $p < 0.01$; * $p < 0.05$.

데이터 과학자의
일

(2) 머니볼 시대의 적합된 회귀모형(2001~2007)

	2001	2002	2003	2004	2005	2006	2007
(Intercept)	11.36 ***	10.15 ***	9.70 ***	9.30 ***	10.06 ***	10.53 ***	10.42 ***
	(0.77)	(1.04)	(1.14)	(1.12)	(0.91)	(0.93)	(0.78)
OBP	-4.49 *	1.21	2.73	8.64 **	3.53	3.88	3.51
	(1.95)	(2.59)	(2.61)	(2.57)	(2.16)	(2.37)	(2.18)
SLG	4.97 ***	2.50 *	1.24	0.91	3.05 *	2.70 *	2.69 **
	(0.92)	(1.20)	(1.31)	(1.23)	(1.18)	(1.17)	(1.01)
PA	0.00 ***	0.00 ***	0.00 ***	0.00 ***	0.00 ***	0.00 ***	0.00 ***
	(0.00)	(0.00)	(0.00)	(0.00)	(0.00)	(0.00)	(0.00)
Exp	0.17	0.35 *	0.35 *	0.20	0.18	0.03	0.07
	(0.11)	(0.15)	(0.17)	(0.16)	(0.12)	(0.12)	(0.10)
Exp2	-0.01	-0.02 *	-0.02 *	-0.01	0.01	-0.00	-0.00
	(0.00)	(0.01)	(0.01)	(0.01)	(0.01)	(0.01)	(0.00)
factor(POS)2B	0.18	-0.06	-0.31	-0.13	-0.43	-0.10	-0.29
	(0.22)	(0.28)	(0.29)	(0.30)	(0.25)	(0.25)	(0.23)
factor(POS)3B	0.23	0.19	0.00	-0.01	-0.09	0.39	0.19
	(0.22)	(0.30)	(0.28)	(0.30)	(0.27)	(0.24)	(0.23)
factor(POS)C	0.25	0.31	0.48	0.06	-0.07	0.27	0.35
	(0.22)	(0.27)	(0.27)	(0.27)	(0.24)	(0.24)	(0.21)
factor(POS)DH	-0.22	0.50	-0.09	0.21	0.42	-0.43	0.03
	(0.42)	(0.34)	(0.44)	(0.35)	(0.33)	(0.34)	(0.28)
factor(POS)OF	0.03	0.09	0.00	0.27	0.00	0.10	0.02
	(0.16)	(0.22)	(0.21)	(0.23)	(0.19)	(0.19)	(0.18)
factor(POS)SS	-0.13	-0.04	-0.29	0.25	-0.29	0.07	-0.07
	(0.24)	(0.28)	(0.30)	(0.30)	(0.26)	(0.31)	(0.24)
N	155	134	144	149	147	156	151
R2	0.61	0.52	0.55	0.52	0.59	0.51	0.65

*** p < 0.001; ** p < 0.01; * p < 0.05.

(3) 머니볼 이후 시대의 적합된 회귀모형(2008~2015)

	2008	2009	2010	2011	2012	2013	2014	2015
(Intercept)	11.25 ***	10.61 ***	8.67 ***	9.69 ***	12.69 ***	12.81 ***	10.19 ***	10.77 ***
	(1.02)	(1.01)	(1.24)	(1.26)	(1.13)	(1.30)	(1.21)	(1.12)
OBP	0.38	6.19 *	7.59 **	4.35	-0.41	3.29	5.17	6.43 **
	(2.48)	(2.53)	(2.64)	(2.89)	(2.92)	(2.43)	(2.84)	(2.42)
SLG	2.28	1.84	2.31	3.03 *	2.32	2.25	2.55	0.40
	(1.23)	(1.33)	(1.49)	(1.44)	(1.54)	(1.15)	(1.34)	(1.42)
PA	0.00 ***	0.00 ***	0.00 ***	0.00 ***	0.00 ***	0.00 ***	0.00 ***	0.00 ***
	(0.00)	(0.00)	(0.00)	(0.00)	(0.00)	(0.00)	(0.00)	(0.00)
Exp	0.18	0.02	0.20	0.20	0.03	-0.06	0.16	0.24
	(0.16)	(0.15)	(0.15)	(0.15)	(0.14)	(0.19)	(0.20)	(0.18)
Exp2	-0.01	-0.00	-0.01	-0.01	-0.00	-0.00	-0.01	-0.01
	(0.01)	(0.01)	(0.01)	(0.01)	(0.01)	(0.01)	(0.01)	(0.01)
factor(POS)2B	-0.05	-0.10	-0.06	0.14	-0.08	-0.04	0.33	-0.17
	(0.26)	(0.34)	(0.33)	(0.31)	(0.31)	(0.27)	(0.26)	(0.24)
factor(POS)3B	0.59 *	0.32	0.43	-0.12	0.33	-0.28	0.17	-0.22
	(0.24)	(0.25)	(0.30)	(0.29)	(0.30)	(0.26)	(0.23)	(0.26)
factor(POS)C	0.33	0.43 *	0.14	0.02	0.06	-0.30	0.24	-0.16
	(0.23)	(0.27)	(0.32)	(0.33)	(0.33)	(0.27)	(0.26)	(0.22)
factor(POS)DH	0.31	0.28	0.11	-0.01	0.47	-0.28	-0.13	-0.17
	(0.30)	(0.35)	(0.28)	(0.33)	(0.39)	(0.33)	(0.34)	(0.26)
factor(POS)OF	0.30	0.37	0.36	0.11	-0.17	-0.41	0.45 *	-0.12
	(0.20)	(0.21)	(0.26)	(0.25)	(0.25)	(0.23)	(0.22)	(0.17)
factor(POS)SS	0.39	0.53 *	0.54	-0.08	-0.01	-0.54	0.50	0.02
	(0.25)	(0.28)	(0.33)	(0.31)	(0.34)	(0.32)	(0.29)	(0.24)
N	130	128	134	129	125	117	118	120
R2	0.56	0.54	0.50	0.51	0.45	0.57	0.51	0.58

*** p < 0.001; ** p < 0.01; * p < 0.05.

10 이는 주 9의 회귀모형표에서 확인할 수 있다.

11 https://en.wikipedia.org/wiki/Doping_in_baseball

12 https://en.wikipedia.org/wiki/BALCO_scandal

13 https://en.wikipedia.org/wiki/All_models_are_wrong

14 예를 들어 투아웃에 주자가 2루에 있는 상황이 하나의 이산적 사건이 된다. 같은 방식으로 총 24가지의 타석 상황을 구성할 수 있다.

15 여기서 말하는 이론이란 서로 다른 변수 간의 인과성을 규명하는 일종의 의미 있는 가설을 뜻한다.

6장 | 데이터 과학으로 서비스를 보호하는 방법

1 I. Ro, J. Han, and E. Im, "Detection method for distributed web-crawlers: A long-tail threshold model", *Security and Communication Networks*, Vol.2018, No. 9065424, Dec. 2018.

8장 | 사람을 더 똑똑하게 만드는 인공지능 교육

1 "What if solving one problem could unlock solutions to thousands more?" (https://www.deepmind.com/)
2 "solve intelligence, developing more general and capable problem-solving systems, known as artificial general intelligence(AGI)" (https://www.deepmind.com/about)
3 "If we can fix education, we can eventually do everything else on this list." (https://www.ycombinator.com/rfs/#education)
4 http://web.mit.edu/5.95/readings/bloom-two-sigma.pdf

9장 | 예비 데이터 과학자를 위한 취업 분투기

1 매출 혹은 성과의 추이를 보여주기 위해 한 화면에 선 그래프, 막대 그래프, 파이 차트 등을 삽입하여 한눈에 데이터의 움직임을 파악할 수 있도록 하는 도구다. 요즘에는 마이크로소프트의 'PowerBI', 타블로의 'Tableau' 등이 이와 같은 서비스를 제공한다.
2 데이터베이스를 제작·관리하고 데이터를 추출하기 위해 필수적으로 사용되는 언어다. 보통 회사에서는 데이터 관리자 혹은 데이터 분석가들이 데이터를 이용할 목적으로 이 언어를 사용한다.
3 해킹hacking과 마라톤marathon의 합성어로, 주어진 시간 동안 결과물을 완성하여 발표하는 경연대회다. 최근 대형 글로벌 기업에서는 사내 아이디어 경진대

회의 일종으로 이 대회의 형태를 차용하기도 한다. 필자가 재직 중인 회사에서도, 평소 업무를 벗어나 다양한 아이디어를 공유하기 위한 목적으로 연 1회 이상 이 대회를 개최하고 있다.

10장 | 머신러닝 서비스에 엔지니어가 필요한 이유

1 VB Staff, "Why Do 87% of Data Science Projects Never Make It into Production?", Venturebeat, 19 July 2019. (https://venturebeat.com/2019/07/19/why-do-87-of-data-science-projects-never-make-it-into-production/)

2 Wiggers, Kyle, "IDC: For 1 in 4 Companies, Half of All AI Projects Fail", Venturebeat, 8 July 2019. (https://venturebeat.com/2019/07/08/idc-for-1-in-4-companies-half-of-all-ai-projects-fail/)

3 Hecht, Lawrence, "Add It Up: How Long Does a Machine Learning Deployment Take?", The New Stack, 19 Dec. 2019. (https://thenewstack.io/add-it-up-how-long-does-a-machine-learning-deployment-take/)

4 Paleyes, Andrei, Raoul-Gabriel Urma and Neil D. Lawrence, "Challenges in deploying machine learning: a survey of case studies", arXiv preprint arXiv:2011.09926(2020).

5 윤진우 기자, "크래프톤, 타다 운영사 VCNC의 '비트윈' 메신저 사업 인수", 조선비즈, 11 May 2021. (https://biz.chosun.com/it-science/ict/2021/05/11/3WMWKGQSTBEMVNS2HIG7W4ER54/)

6 Sculley, D. et al., "Detecting adversarial advertisements in the wild", *Proceedings of the 17th ACM SIGKDD international conference on Knowledge discovery and data mining*, 2011.

7 Lundberg, Scott M. and Su-In Lee, "A unified approach to interpreting model predictions", *Proceedings of the 31st international conference on neural information processing systems*, 2017.

8 Sculley, David et al., "Hidden technical debt in machine learning systems", *Advances in neural information processing systems 28*, 2015, pp.2503-2511.

1 물론 모든 응답자가 숫자 그대로 응답했다는 것은 아니다. 예를 들어 3번 응답자는 설문지에 "오후 1시"라고 응답했지만, 분석을 위해 데이터에는 13으로 코딩할 수 있다.

2 연구의 성격에 따라서 결측치를 발생하도록 설계하기도 한다. 관심이 있다면 계획된 결측 설계planned missing design로 검색해보자.

3 원문의 'mechanism'을 원리로 번역했다. 유형이나 패턴이라고 번역하는 경우도 있지만, 두 용어는 본래 의미를 잘못 전달할 수 있는 여지가 있다고 판단했다. 특히 패턴은 오역이다. 이 내용을 구체적으로 알아보고 싶은 독자는 다음의 문헌을 읽어볼 것을 권한다. Rubin, D. (1976). Inference and Missing Data. *Biometrika*, 63(3), 581-592. doi:10.2307/2335739; Little, R., & Rubin, D. (2002). *Statistical analysis with missing data*, second edition. Wiley.; Little, R., & Rubin, D. (2019). *Statistical analysis with missing data*, third edition. Wiley.

4 미국에서는 저소득층 학생이 이사와 전학을 하는 과정에서 결시하는 경우가 많다.

5 브레너 고머Brenna Gomer에 따르면, 비무선결측은 결측된 자료와의 관련성만 있다면 집중focus 비무선결측, 결측된 자료와 관찰된 변수 모두 관련되어 있다면 분산diffuse 비무선결측이라고 분류할 수도 있다.

6 루빈Rubin은 완전무선결측과 무선결측을 크게 '무시할 수 있는 결측ignorable missingness'으로, 비무선결측을 '무시할 수 없는 결측non-ignorable missingness'으로 분류한 바 있다. 이 중 비무선결측을 위한 특수한 처리 방법(예를 들어 Pattern Mixture Model, Selection Model)에 관심이 있는 독자는 Little&Rubin(2019)를 참고하라.

7 계획된 결측 설계, 데이터에 최대한 많은 변수를 포함하는 것, 점수가 높거나 낮을 거라 예상되는 사람들의 응답률을 높이는 것 등이다.

8 엄밀히 말하면 대체법 또한 경우에 따라 모형 기반 접근법에 포함시키기도 한다. 다만 대체법, 특히 다중대체법은 결측치 처리 방법 중 독자적인 영역으로 발전했기 때문에 여기서는 별도로 분류한다.

9 표본 수가 줄어들면 통계적 검정력statistical power이 낮아진다.

10 통계적으로는 각 분석에 대응하는 변수에 따라 표본 수가 달라지기 때문에, 표준오차 또한 일정하지 않다는 것도 단점이 될 수 있다.

11 종단자료 분석에서 자주 활용되는 이전관찰치적용분석법Last Observation Carried

Forward(LOCF)도 대체법의 일종이지만, 여기서는 생략한다. 관심 있는 독자는 검색해보길 권한다.

12 최근에는 데이터마이닝 계열의 방법(예를 들어 KNN, CART 등)으로 대체법을 수행하는 경우도 늘어나고 있다.

13 사실 이런 방법이 바로 회귀분석이다. 여기서 각 변수와 하루 흡연량의 관계를 나타내면 각각이 회귀계수가 된다.

14 회귀분석의 특성상 이러한 방법으로 산출된 예측치들은 하나의 회귀선 위에 단조롭게 분포하며 다양한 값이 나오기 어렵다.

15 완전정보최대가능도법Full information maximum likelihood(FIML)으로 칭하는 경우도 많다.

16 베이지안 접근 방식 또한 널리 활용되고 있다.

17 완전무선결측 또는 무선결측의 가정, 표본의 크기, 다중대체의 경우 대체 횟수 등.

18 예를 들어 조사 문항에 '모르겠다'와 '응답 거부'가 동시에 포함된 경우, 이 두 가지 반응을 똑같은 '무응답'이라고 간주하면 많은 정보를 잃을 수 있다. 현재 지지 정당을 모르는 경우와 알지만 응답을 거부한 경우는 엄밀히 다르다.

19 일부 설문조사자들은 결측치가 발생하는 것을 부담스러워해서, 누락되었거나 부정확한 답변을 발견했을 때 응답자에게 연락해서 답변을 재차 요구하는 경우도 있다. 이렇게 사후에 응답을 받는 일은 정확한 분석에 도움이 되기도 하지만, 응답의 편향을 유발할 때도 있기 때문에 신중하게 진행할 필요가 있다.

20 통계적 모형으로 추정한 응답이 그렇다는 것이기 때문에 해당 상담사들이 실제로 그랬는지 단언할 수는 없다. 다만 그럴 가능성이 높다.

21 만일 정말 스트레스가 높은 사람들이 주로 응답을 거부한 거라면 이게 바로 비무선결측의 사례가 된다.

22 필자가 주로 활용하는 데이터 마이닝 접근법은 의사결정나무Classification and Regression Tree(CART)나 랜덤 포레스트Random Forest이다.

데이터 과학자의 일

1판 1쇄 발행일 2021년 10월 18일
1판 3쇄 발행일 2022년 10월 17일

엮은이 박준석
지은이 데이터 과학자 11명

발행인 김학원
발행처 (주)휴머니스트 출판그룹
출판등록 제313-2007-000007호(2007년 1월 5일)
주소 (03991) 서울시 마포구 동교로23길 76(연남동)
전화 02-335-4422 **팩스** 02-334-3427
저자·독자 서비스 humanist@humanistbooks.com
홈페이지 www.humanistbooks.com
유튜브 youtube.com/user/humanistma **포스트** post.naver.com/hmcv
페이스북 facebook.com/hmcv2001 **인스타그램** @humanist_insta
편집주간 황서현 **편집** 전두현 정일웅 **디자인** 박진영
용지 화인페이퍼 **인쇄** 청아디앤피 **제본** 민성사

ⓒ 박준석 외, 2021

ISBN 979-11-6080-717-2 03400